高等院校课程设计案例精编

HTML5+CSS3
网页设计与布局经典课堂

金松河　刘柏生　编著

U0350731

清华大学出版社
北京

内 容 简 介

本书以 HTML 和 CSS 为写作基础，以"理论知识＋实操案例"为创作导向，围绕网页设计的基本知识展开讲解。书中的每个案例都给出了详细的实现代码，同时还对代码中的关键点和效果实现进行了描述。

全书共 12 章，分别对 canvas 绘图基础、HTML5 表单元素、HTML5 表单制作、HTML5 多媒体应用、地理位置的获取、离线储存和拖放、CSS3 中的选择器、CSS3 的颜色和图形的应用、CSS3 中的动画及用户交互界面设计进行了详细的阐述。本书结构清晰，思路明确，内容丰富，语言简练，既有鲜明的基础性，也有很强的实用性。

本书既可作为大中专院校及高等院校相关专业的教学用书，又可作为网页设计爱好者的学习用书。同时，也可以作为社会各类网页设计及 Web 前端开发培训班的首选教材。

图书在版编目(CIP)数据

HTML5+CSS3网页设计与布局经典课堂 / 金松河，刘柏生编著. —北京：清华大学出版社，2019(2021.1重印)

高等院校课程设计案例精编

ISBN 978-7-302-51779-5

Ⅰ. ①H… Ⅱ. ①金… ②刘… Ⅲ. ①超文本标记语言—程序设计—课程设计—高等学校—教学参考资料 ②网页制作工具—课程设计—高等学校—教学参考资料 Ⅳ. ①TP312.8 ②TP393.092.2

中国版本图书馆CIP数据核字（2018）第274385号

责任编辑：李玉茹
封面设计：杨玉兰
责任校对：王明明
责任印制：丛怀宇

出版发行：清华大学出版社
　　　　网　　址：http://www.tup.com.cn，http://www.wqbook.com
　　　　地　　址：北京清华大学学研大厦A座　　　　邮　　编：100084
　　　　社 总 机：010-62770175　　　　　　　　　　邮　　购：010-62786544
　　　　投稿与读者服务：010-62776969，c-service@tup.tsinghua.edu.cn
　　　　质量反馈：010-62772015，zhiliang@tup.tsinghua.edu.cn

印 装 者：涿州市京南印刷厂
经　　销：全国新华书店
开　　本：185mm×260mm　　　　印　　张：17　　　　字　　数：410千字
版　　次：2019年2月第1版　　　　印　　次：2021年1月第3次印刷
定　　价：69.00 元

产品编号：081121-02

FOREWORD
前 言

为啥要学设计？ ■————————————————

    随着社会的发展，人们对美好事物的追求与渴望已达到了一个新的高度，这一点充分体现在了审美意识上。毫不夸张地讲，我们身边的美无处不在，大到园林建筑，小到平面海报，抑或是小巷里的门店也都要装饰一番以凸显出自己的特色，这一切都是"设计"的结果。可以说生活中的很多元素都被有意或无意识地设计过。俗话说：学设计饿不死，学设计高工资！那些有经验的设计师们，月薪超过多数行业，正是因为这一点很多人都投身于设计行业。

问：学设计可以就职哪类工作？求职难吗？

答：广为人知的设计行业包括：室内设计、广告设计、UI 设计、珠宝设计、服装设计、环艺设计、影视动画设计……所以你还在问求职难吗！

问：如何选择学习软件？

答：根据设计类型和就业方向，学习相关软件。比如，平面设计类软件大同小异，重在设计体验。室内外设计软件各有侧重，贵在实际应用。各类软件之间也要配合使用，好比设计师要用 Photoshop 对建筑效果图做后期处理，为了让设计作品呈现更好的效果，有时会把视频编辑软件与平面软件相互配合。

问：没有美术基础的人也可以学设计吗？

答：可以。设计类的专业有很多，并不是所有的设计专业都需要有美术功底。例如工业设计、展示设计等。俗话说"艺术来源于生活"，学设计不但可以提高自身审美能力，还能有效地指引人们制作出更精良的作品，提升自己的生活品质。

答：自学设计可以先从软件入手：位图、矢量图和排版。学会了软件可以胜任 90% 的设计工作，只是缺乏"经验"。设计是软件技术 + 审美 + 创意，其中软件学习比较容易上手，而审美的提升则需要多欣赏优秀作品，只要不断学习，突破自我，优秀的设计技术就能轻松掌握！

系列图书课程安排 ◼

本系列图书既注重单个软件的实操应用，又看重多个软件的协同办公，以"理论知识 + 实际应用 + 案例展示"为创作思路，向读者全面阐述了各软件在设计领域中的强大功能。在讲解过程中，结合各领域的实际应用，对相关的行业知识进行了深度剖析，以辅助读者完成各种类型的设计工作。正所谓要"授人以渔"，读者不仅可以掌握这些设计软件的使用方法，还能利用它独立完成作品的创作。本系列图书包含以下图书作品：

▶▶ 《3ds max 建模技法经典课堂》
▶▶ 《3ds max+Vray 效果图表现技法经典课堂》
▶▶ 《SketchUp 草图大师建筑·景观·园林设计经典课堂》
▶▶ 《AutoCAD + 3ds max + Vray 室内效果图表现技法经典课堂》
▶▶ 《AutoCAD + SketchUp + Vray 建筑室内外效果表现技法经典课堂》
▶▶ 《Adobe Photoshop CC 图像处理经典课堂》
▶▶ 《Adobe Illustrator CC 平面设计经典课堂》
▶▶ 《Adobe InDesign CC 版式设计经典课堂》
▶▶ 《Adobe Photoshop + Illustrator 平面设计经典课堂》
▶▶ 《Adobe Photoshop + CorelDRAW 平面设计经典课堂》
▶▶ 《Adobe PremierePro CC 视频编辑经典课堂》
▶▶ 《Adobe After Effects CC 影视特效制作经典课堂》
▶▶ 《HTML5+CSS3 网页设计与布局经典课堂》
▶▶ 《HTML5+CSS3+JavaScript 网页设计经典课堂》

配套资源获取方式 ◼

目前市场上很多计算机图书中配带的 DVD 光盘，总是容易破损或无法正常读取。鉴于此，您如需获取本系列图书的资源，可以发送邮件至 619831182@qq.com，制作者会在第一时间将其发至您的邮箱。

适用读者群体 ◼

☑ 前端开发制作人员。
☑ 网页美工或者想转行前端的设计人员。
☑ UI 及网页设计培训班学员。
☑ 大中专院校相关专业师生。
☑ 网页设计爱好者。

作者团队

本书由金松河、刘柏生编写，作者在长期的工作中积累了大量的经验，在写作的过程中始终坚持严谨细致的态度，并力求精益求精，在此向参与本书编写工作的所有教师表示感谢。

由于时间、精力和水平有限，书中疏漏之处在所难免，望广大读者批评指正。

致 谢

　　为了令本系列图书尽可能满足读者的需要，许多人付出了辛勤的劳动。在此，向参与本书出版工作的"ACAA 教育集团"和"Autodesk 中国教育管理中心"的领导及老师、米粒儿设计团队成员等，致以诚挚谢意。同时感谢清华大学出版社的所有编审人员为本系列图书的出版所付出的辛勤劳动。本系列图书在编写过程中力求严谨细致，但由于水平有限，书中仍难免出现疏漏和不妥之处，希望各位读者朋友们多多包涵，并批评指正，万分感谢！

编者

本书知识结构导图

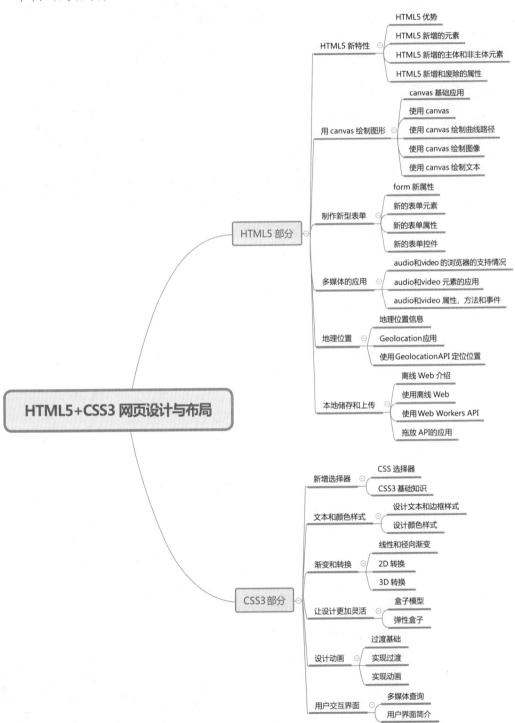

HTML5 新特性
- HTML5 优势
- HTML5 新增的元素
- HTML5 新增的主体和非主体元素
- HTML5 新增和废除的属性

用 canvas 绘制图形
- canvas 基础应用
- 使用 canvas
- 使用 canvas 绘制曲线路径
- 使用 canvas 绘制图像
- 使用 canvas 绘制文本

制作新型表单
- form 新属性
- 新的表单元素
- 新的表单属性
- 新的表单控件

多媒体的应用
- audio和video 的浏览器的支持情况
- audio和video 元素的应用
- audio和video 属性、方法和事件

地理位置
- 地理位置信息
- Geolocation应用
- 使用GeolocationAPI 定位位置

本地储存和上传
- 离线 Web 介绍
- 使用离线 Web
- 使用 Web Workers API
- 拖放 API的应用

HTML5 部分

HTML5+CSS3 网页设计与布局

CSS3 部分

新增选择器
- CSS 选择器
- CSS3 基础知识

文本和颜色样式
- 设计文本和边框样式
- 设计颜色样式

渐变和转换
- 线性和径向渐变
- 2D 转换
- 3D 转换

让设计更加灵活
- 盒子模型
- 弹性盒子

设计动画
- 过渡基础
- 实现过渡
- 实现动画

用户交互界面
- 多媒体查询
- 用户界面简介

CONTENTS
目 录

CHAPTER 03
制作新型表单

CHAPTER 04
多媒体的应用

CONTENTS

CHAPTER 05

获取地理位置

CHAPTER 06

本地储存和上传

CHAPTER 07

新增的选择器

CONTENTS

CHAPTER 11
CSS3 设计动画

CHAPTER 12
用户交互界面

CHAPTER 01
HTML5 轻松上手

本章概述 SUMMARY

HTML5 在废除很多标签的同时，也增加了很多标签，比如新增的结构标签 :section 元素 /video 元素等。本章主要通过讲解与 HTML4 的不同逐渐对这些新增和废除的元素加深了解，希望通过本章的讲解大家能够掌握这些知识。

■ 学习目标
了解 HTML5 的语法和元素分类。
掌握 HTML5 中新增主体结构元素的定义。
掌握 HTML5 中新增的非主体结构元素的定义。
掌握 HTML5 中新增主体和非主体结构元素的使用方法。
掌握 HTML5 中废除的元素和属性。

■ 课时安排
理论知识 1 课时。
上机练习 1 课时。

知识导图：

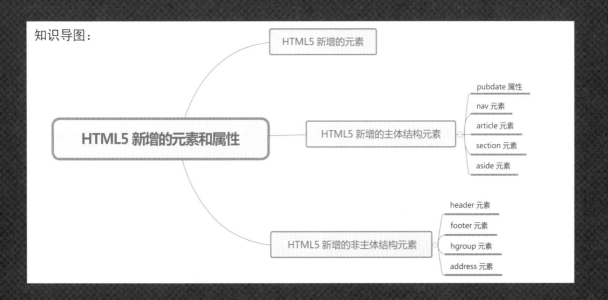

1.1　HTML5 新增知识

HTML5 将成为 HTML、XHTML 以及 HTML DOM 的新标准。而 HTML5 本身并非技术，而是标准。它所使用的技术早已很成熟，国内通常所说的 HTML5 实际上是 HTML 与 CSS3，及 JavaScript 和 API 等的一个组合，大概可以用下式说明：

HTML5 ≈ HTML+CSS3+JavaScript+API

1.1.1　HTML5 的兼容性

HTML5 的一个核心理念就是保持一切新特性的平滑过渡。一旦浏览器不支持 HTML5 的某项功能，针对该项功能的备用方案就会被启用。另外，互联网上有些 HTML 文档已经存在很长时间了，因此，支持所有的现存 HTML 文档是非常重要的。HTML5 的研究者们还花费了大量精力来实现 HTML5 的通用性。很多开发人员使用 <div id="header"> 来标记页眉区域。而在 HTML5 当中添加一个 <header> 就可以解决这个问题。

在浏览器方面，支持 HTML5 的浏览器包括 Firefox（火狐浏览器），IE9 及其更高版本，Chrome（谷歌浏览器），Safari，Opera 等；国内的各种基于 IE 或 Chromium（Chrome 的工程版或称实验版）所推出的 360 浏览器、搜狗浏览器、QQ 浏览器、猎豹浏览器等国产浏览器同样具备支持 HTML5 的能力。

HTML5 将会取代 1999 年制定的 HTML 4.01、XHTML 1.0 标准，以期能在互联网应用迅速发展的时候，使网络标准符合当代的网络需求，为桌面和移动平台带来无缝衔接的丰富内容。HTML5 在功能上做了以下几个方面的改进。

- 重新简化了 DOCTYPE。
- 重新简化了字符集声明。
- 简单而强大的 HTML5API。
- 以浏览器的原生能力替代复杂的 JavaScript 代码。

1.1.2　HTML5 的通用访问

通用访问的原则可以分为以下三个方面。

（1）可访问性
出于对残障用户的考虑，HTML 与 WAI(Web Accessibility Initiative，Web 可访问性倡议) 和 ARIA(Accessible Ritc Internet Applications，可访问的 Internet 应用) 做到了紧密的结合，WAI-ARIA 中以屏幕阅读器为基础的元素已经被添加到 HTML 中。

（2）媒体中立
在不久的将来，将实现 HTML5 的所有功能都能够在所有不同的设备和平台上正常运行。

（3）支持所有语种
能够支持所有的语种，例如，新的 <ruby> 标签支持在页面排版中会用到 Ruby 注释。

1.1.3　HTML5 标准改进

HTML5 提供了一些新的元素和属性，如 <nav>（网站导航栏）和 <footer>。这种标签将有利于搜索引擎的索引整理，同时也能更好地帮助小屏幕装置和视障人士使用。除此之外，还为其他浏览要素提供了新的功能，如 <audio> 和 <video> 标签。

　　HTML5 吸取了 XHTML2 的一些建议，包括一些用来改善文档结构的功能，例如一些信的 HTML 标签 header、footer、section、dialog 和 aside 的使用，使得内容创作者能够更加轻松地创建文档，之前开发人员在这些场合一律使用 <div> 标签。

　　HTML5 还包含了一些将内容和样式分离的功能，<b> 和 <i> 标签仍然存在，但是它们的意义已经和之前有了很大的不同，这些标签的意义只是将一段文字标识出来，而不是单纯为了设置粗体和斜体文字样式。<u>、<font>、<center> 和 <strike> 这些标签则完全被废弃了。

　　新标准使用了一些全新的表单输入对象，包括日期、URL 和 Email 地址，其他的对象则增加了对拉丁字符的支持。HTML 还引入了微数据，一种使用机器可以识别的标签标注内容的方法，使语义 Web 的处理更为简单。总的来说，这些与结构有关的改进使开发人员可以创建更干净、更容易管理的网页。

　　HTML5 具有全新的、更合理的 tag，多媒体对象不再全部绑定到 object 中，而是视频有视频的 tag，音频有音频的 tag。canvas 对象将给浏览器带来直接在上面绘制矢量图的能力，这意味着用户可以脱离 flash 和 silverlight，直接在浏览器中显示图形和动画。很多最新版的浏览器，除了 IE，都已经支持了 canvas。浏览器中的真正程序将提供 API 浏览器内的编辑、拖放，以及各种图形用户界面的能力。内容修饰 tag 将被移除，而使用 CSS。

1.2　HTML5 语法

　　HTML5 中的语法和之前版本相比有些变化，因为 HTML5 设计以化繁为简的准则对文档类型和字符说明等都进行了简化。下面将分别进行说明。

■ 1.2.1　文档类型声明

　　DOCTYPE 声明是 HTML 文件中必不可少的，位于文件第一行，在 HTML4 中，它的声明方法如下：

```
<!DOCTYPE html PUBLIC "-//W3C//DTD XHTML 1.0 Transitional//EN""http://www.
w3.org/TR/xhtml1/DTD/xhtml1-transitional.dtd">
```

　　在 HTML5 中，刻意不使用版本声明，一份文档将会使用于所有版本的 HTML。HTML5 中的 DOCTYPE 声明方法（不区分大小写）如下：

```
<!DOCTYPE html>
```

　　另外，当使用工具时，也可以在 DOCTYPE 声明方式中加入 SYSTEM 识别符，声明方法如下：

```
<!DOCTYPE HTML SYSTEM"about:legacy-compat">
```

　　在 HTML5 中，像这样的 DOCTYPE 声明方式是允许的，不区分大小写，引号不区分单引号和双引号。

> **知识拓展**
>
> 　　使用 HTML5 的 DOCTYPE 会触发浏览器以标准兼容模式显示页面。众所周知，网页都有多种显示模式，浏览器会根据 DOCTYPE 来识别该使用哪种模式，以及使用什么规则来验证页面。

1.2.2　字符编码

在 HTML4 中，使用 <meta> 元素的形式指定文件中的字符编码，如下：

```
<meta http-equiv="Content-Type" content="text/html; charset=utf-8" >
```

在 HTML5 中，可以使用对 <meta> 元素直接追加 charset 属性的方式来指定字符编码，如下：

```
<meta charset="utf-8">
```

两种方法都有效，可以继续使用前面一种方式，即通过 content 元素的属性来指定，但是不能同时混合使用两种方式。在以前的网站代码中可能会存在下面代码的标记方式，但在 HTML5 中，下面这种字符编码方式将被认为是错误的：

```
<meta charset="utf-8" http-equiv="Content-Type" content="text/html; charset=utf-8" >
```

从 HTML5 开始，对于文件的字符编码推荐使用 UTF-8。

1.2.3　省略引号

属性两边既可以用双引号，也可以用单引号。HTML5 在此基础上做了一些改进。当属性值不包括空字符串、<、>、=、单引号、双引号等字符时，属性值两边的引号可以省略。下面的写法都是合法的：

```
<input type="text">
<input type='text'>
<input type=text>
```

1.3　HTML5 元素分类

HTML5 新增了很多个元素，也废除了不少元素，根据现有的标准规范，把 HTML5 的元素按等级定义为结构性元素、级块性元素、行内语义性元素和交互性元素四大类。

1.3.1　结构性元素

结构性元素主要负责 Web 的上下文结构的定义，确保 HTML 文档的完整性，这类元素包括以下几个：

- Section：在 Web 页面应用中，该元素也可以用于区域的章节表述。
- Header：页面主体上的头部，注意区别于 head 元素。这里可以给初学者提供一个判断的小技巧：head 元素中的内容往往是不可见的；header 元素往往在一对 body 元素之中。
- Footer：页面底部，通常会在这里标出网站的一些相关信息，例如，关于我们、法律声明、邮件信息、管理入口等。
- Nav：是专门用于菜单导航、链接导航的元素，是 navigator 的缩写。
- Article：用于表示一篇文章的主体内容，一般文字集中显示的区域。

1.3.2　级块性元素

级块性元素主要完成 Web 页面区域的划分，确保内容的有效分隔，这类元素包括以下几个：

- Aside：用以表示注记、贴士、侧栏、摘要、插入的引用等作为补充主体的内容。从一个简单页面显示上看，就是侧边栏，可以在左边，也可以在右边。从一个页面的局部看，就是摘要。
- Figure：是对多个元素组合并展示的元素，通常与 figcaption 联合使用。
- Code：表示一段代码块。
- Dialog：用于表达人与人之间的对话，该元素还包括 dt 和 dd 这两个组合元素，它们常常同时使用，dt 用于表示说话者，而 dd 则用来表示说话者说的内容。

1.3.3　行内语义性元素

行内语义性元素主要完成 Web 页面具体内容的引用和表示，是丰富内容展示的基础，这类元素包括以下几个：

- Meter：表示特定范围内的数值，可用于工资、数量、百分比等。
- Time：表示时间值。
- Progress：用来表示进度条，可通过对其 max、min、step 等属性进行控制，完成进度的表示和监视。
- Video：视频元素，用于支持和实现视频文件的直接播放，支持缓冲预载和多种视频媒体格式，如 MPEG-4、OGGV、WEBM 等。
- Audio：音频元素，用于支持和实现音频文件的直接播放，支持缓冲预载和多种音频媒体格式。

1.3.4　交互性元素

交互性元素主要用于功能性的内容表达，会有一定的内容和数据的关联，是各种事件的基础，这类元素包括以下几个：

- Details：用来表示一段具体的内容，但是内容默认可能不显示，通过某种手段（如单击）legend 交互才会显示。
- Datagrid：用来控制客户端数据与显示，可以由动态脚本及时更新。
- Menu：主要用于交互表单。
- Command：用来处理命令按钮。

1.4　HTML5 新增主体结构元素

HTML5 引用更多灵活的段落标签和功能标签。与 HTML4 相比，HTML5 的结构元素更加成熟。本节将带领大家了解这些新增的结构元素，包括它们的定义、表示意义和使用示例。

1.4.1　article 元素

article 元素一般用于文章区块，定义外部内容。比如某篇新闻的文章，或者来自微博的文本，或者来自论坛的文本。通常用来表示来自其他外部源内容，它可以独立被外部引用。

语法描述：

<article>　</article>

小试身手——文章区块和外部内容的定义方式

下面的代码就是 article 的用法：

```
<!DOCTYPE html>
<html lang="en">
<head>
<meta charset="UTF-8">
<title>article 元素 </title>
<style>
h1，h2，p{text-align: center;}
</style>
</head>
<body>
<article>
<header>
<hgroup>
<h1>article 元素 </h1>
<h2>article 元素 HTML5 中的新增结构元素 </h2>
</hgroup>
</header>
<p>Article 元素一般用于文章区块，定义外部内容。</p>
<p> 比如某篇新闻的文章，或者来自微博的文本，或者来自论坛的文本。</p>
<p> 通常用来表示来自其他外部源内容，它可以独立被外部引用。</p>
</article>
</body>
</html>
```

代码的运行效果如图 1-1 所示。

图 1-1

■ 1.4.2　section 元素

section 元素主要用来定义文档中的节（section）。比如章节、页面、页脚或文档中的其他部分。通常它用于成节的内容，或在文档流中开始一个新的节。

语法描述：

```
<section>  </section>
```

小试身手——定义文档中的节

Section 元素的具体使用代码如下：

```
<!DOCTYPE html>
<html lang="en">
<head>
<meta charset="UTF-8">
<title>section 元素 </title>
<style>
h1，p{text-align: center;}
</style>
</head>
<body>
<section>
<h1>section 元素 </h1>
<p>section 元素是 HTML5 中新增的结构元素 </p>
<p>section 元素是 HTML5 中新增的结构元素 </p>
<p>section 元素是 HTML5 中新增的结构元素 </p>
<p>section 元素是 HTML5 中新增的结构元素 </p>
<p>section 元素是 HTML5 中新增的结构元素 </p>
</section>
</body>
</html>
```

代码的运行结果如图 1-2 所示。

图 1-2

> **知识拓展**
>
> 对于那些没有标题的内容，不推荐使用 section 元素。section 元素强调的是一个专题性的内容，一般会带有标题。当元素内容聚合起来表示一个整体时，应该使用 article 元素替代 section 元素。section 元素应用的典型情况有文章的章节标签、对话框中的标签页，或者网页中有编号的部分。section 元素不仅仅是一个普通的容器元素。当 section 元素只是为了样式或者方便脚本使用，这时应该使用 div。一般来说，当元素内容明确地出现在文档大纲中时，section 就是适用的。

1.4.3 nav 元素

nav 元素用来定义导航栏链接的部分。链接用来链接到本页的某部分或其他页面。

我们需要注意的是，并不是所有成组的超链接都需要放在 nav 元素里。nav 元素里应该放入一些当前页面的主要导航链接。

语法描述：

```
<nav>  </nav>
```

小试身手——网页中的各种导航栏的定义

nav 的元素使用代码如下：

```
<!DOCTYPE html>
<html lang="en">
<head>
<meta charset="UTF-8">
<title>nav 元素 </title>
</head>
<body>
```

```
<h1>HTML5 结构元素 </h1>
<nav>
<ul>
<li><a href="#">items01</a></li>
<li><a href="#">items02</a></li>
</ul>
</nav>
<header>
<h2>nav 元素 </h2>
<nav>
<ul>
<li><a href="">nav 元素的应用场景 01</a></li>
<li><a href="">nav 元素的应用场景 02</a></li>
<li><a href="">nav 元素的应用场景 03</a></li>
<li><a href="">nav 元素的应用场景 04</a></li>
</ul>
</nav>
</header>
</body>
</html>
```

代码的运行效果如图 1-3 所示。

图 1-3

这里需要注意的是，上面的示例就是 nav 元素应用的场景，我们通常会把主要的链接放入 nav 当中。

1.4.4　aside 元素

aside 元素用来定义 article 以外的内容，用于成节的内容，也可以用于表达注记、侧栏、摘要及插入的引用等诸如补充主体的内容。它会在文档流中开始一个新的节，一般用于与文章内容相关的侧栏。

语法：

<aside> </aside>

小试身手——定义文章的侧栏

aside 元素的使用方法代码如下：

```
<!DOCTYPE html>
<html>
<head>
<meta charset="utf-8">
<meta http-equiv="X-UA-Compatible" content="IE=edge">
<title>aside 元素 </title>
<link rel="stylesheet" href="">
</head>
<body>
<article>
<h1>HTML5aside 元素 </h1>
<p> 正文部分 </p>
<aside>正文部分的附属信息部分,其中的内容可以是与当前文章有关的相关资料、名词解释,等等.
</aside>
</article>
</body>
</html>
```

代码的运行效果如图 1-4 所示。

图 1-4

■ 1.4.5 pubdate 属性

pubdate 属性是一个可选的、boolean 值的属性，它可以用到 article 元素中的 time 元素上，意思是 time 代表了文章或整个网页的发布日期。

小试身手——定义时间

定义时间的具体应用方法代码如下：

```
<!DOCTYPE html>
<html lang="en">
<head>
<meta charset="UTF-8">
<title>pubdate 属性 </title>
</head>
<body>
<article>
<header>
<h1> 澳门 </h1>
<p> 我国澳门特别行政区是于 <time datetime="1999-12-10">1999 年 12 月 20 日 </time> 回归的
</p>
<p>notice date <time datetime="2017-08-15" pubdate>2017 年 08 月 15 日 </time></p>
</header>
<p> 正文部分 ...</p>
</article>
</body>
</html>
```

代码的运行效果如图 1-5 所示。

图 1-5

在这个示例中有两个 time 元素，分别定义了两个日期，一个是回归日期，另一个是发布日期。由于都是用了 time 元素，所以需要使用 pubdate 属性表明哪个 time 元素代表了发布日期。

1.5 HTML5 新的非主体结构元素

HTML5 中不仅新增了主体结构元素，还增加了一些非主体元素，比如 header 元素、hgroup 元素、footer 元素和 address 元素等，这些元素的增加使我们的工作又轻松很多。本节分别讲解非主体结构元素的使用。

■ 1.5.1 header 元素

header 元素是一种具有引导和导航作用的辅助元素，它通常代表一组简介或者导航性质的内容。其位置表现在页面或节点的头部。

通常 header 元素用于包含页面标题，当然这不是绝对的，header 元素也可以用于包含节点的内容列表导航，如数据表格、搜索表单或相关的 logo 图片等。

在整个页面中，标题一般放在页面的开头，一个网页中没有限制 header 元素的个数，可以拥有多个，可以为每个内容区块加一个 header 元素。

语法：

```
<header>  </header>
```

小试身手——页面标题的制作

页面标题的制作代码如下：

```
<!DOCTYPE html>
<html lang="en">
<head>
<meta charset="UTF-8">
<title>header 元素 </title>
</head>
<body>
<header>
<h1> 这是页面的标题 </h1>
</header>
<article>
<h2> 这是第一章 </h2>
<p> 第一章的正文部分 ...</p>
</article>
<header>
<h2> 第二个 header 标签 </h2>
<p> 因为 html 文档不会对 header 标签进行限制，所以我们可以创建多个 header 标签 </p>
</header>
</body>
</html>
```

代码的运行效果如图 1-6 所示。

图 1-6

1.5.2　hgroup 元素

在上节中介绍 header 元素时，使用了 hgroup 元素，hgroup 元素的目的是将不同层级的标题封装成一组，通常会将 h1~h6 标题进行组合，比如一个内容区块的标题及其子标题为一组。如果要定义一个页面的大纲，使用 hgroup 元素非常合适，如定义文章的大纲层级。

小试身手——组合标题

组合标题的使用代码如下：

```
<hgroup>
<h1> 第三节 </h1>
<h2>2.5hgroup 元素 </h2>
</hgroup>
```

在以下两种情况下，header 元素和 hgroup 元素不能一起使用。

第一，当只有一个标题的时候。

示例代码如下：

```
<header>
<hgroup>
<h1> 第三节 </h1>
<p> 正文部分 ...</p>
</hgroup>
</header>
```

在这种情况下，只能将 hgroup 元素移除，仅仅保留其标题元素即可。

```
<header>
<h1> 第三节 </h1>
<p> 正文部分 ...</p>
</header>
```

第二，当 header 元素的子元素只有 hgroup 元素的时候。

示例代码如下：

```
<header>
<hgroup>
<h1>HTML5 hgroup 元素 </h1>
<h2>hgroup 元素使用方法 </h2>
</hgroup>
</header>
```

在上面的代码中，header 元素的子元素只有 hgroup 元素，这时并没有其他元素放到 header 中，就可以直接将 header 元素去掉，如下：

```
<hgroup>
<h1>HTML5 hgroup 元素 </h1>
<h2>hgroup 元素使用方法 </h2>
</hgroup>
```

知识拓展

　　如果只有一个标题元素，这时并不需要 hgroup 元素。当出现两个或者两个以上的标题元素时，适合用 hgroup 元素来包围它们。当一个标题有副标题或者其他的与 section 或者 article 有关的元数据时，适合将 hgroup 元素和元数据放到一个单独的 header 元素中。

■ 1.5.3　footer 元素

长久以来，人们习惯于使用 <div id="footer"> 这样的代码来定义页面的页脚部分。但是在 HTML5 中我们不需要如此了。HTML5 为我们提供了用途更广、扩展性更强的 footer 元素。<footer> 标签定义文档或节的页脚。<footer> 元素应当含有其包含元素的信息。页脚通常包含文档的作者、版权信息、使用条款链接、联系信息等。您可以在一个文档中使用多个 <footer> 元素。

小试身手——网页尾部的设计

过去，程序员在标脚注的时候通常使用这样的代码：

```
<div id="footer">
<ul>
```

```
<li> 关于我们 </li>
<li> 网站地图 </li>
<li> 联系我们 </li>
<li> 回到顶部 </li>
<li> 版权信息 </li>
</ul>
</div>
```

而现在我们不需要再这样写了，而是使用 footer：

```
<footer>
<ul>
<li> 关于我们 </li>
<li> 网站地图 </li>
<li> 联系我们 </li>
<li> 回到顶部 </li>
<li> 版权信息 </li>
</ul>
</footer>
```

代码的运行效果如图 1-7 所示。

图 1-7

相比较而言，使用 footer 元素更加语义化了。

知识拓展

　　同样，在一个页面中也可以使用多个 footer 元素，既可以用做页面整体的页脚，也可以作为一个内容区块的结尾。

比如在 article 元素中添加脚注，代码如下：

```
<article>
<h1> 文章标题 </h1>
<p> 正文部分 ...</p>
<footer> 文章脚注 </footer>
</article>
```

在 section 元素中添加脚注，代码如下：

```
<section>
<h1> 段落标题 </h1>
<p> 正文部分 </p>
<footer> 本段脚注 </footer>
</section>
```

以上部分就是在 article 元素和 section 元素中添加脚注的方式。

■ 1.5.4　address 元素

<address> 标签定义文档或文章的作者 / 拥有者的联系信息。

如果 <address> 元素位于 <body> 元素内，则它表示文档的联系信息。

如果 <address> 元素位于 <article> 元素内，则它表示文章的联系信息。

<address> 元素中的文本通常呈现为斜体。大多数浏览器会在 address 元素前后添加折行。

小试身手——定义文章作者信息

address 元素的具体使用方法：

```
<!DOCTYPE html>
<html lang="en">
<head>
<meta charset="UTF-8">
<title>address 元素 </title>
</head>
<body>
<header>
<address>
写信给我们 <br/>
<a href="xxxitanyxxx.com"> 进入官网 </a><br/>
地址：江苏徐州云龙区矿大软件园 458 号 8 栋 <br/>
tel：221333
</address>
</header>
</body>
</html>
```

代码的运行效果如图 1-8 所示。

图 1-8

1.6　新增的属性

在 HTML5 中不仅新增了许多元素，还新增了一些属性，在新增的这些属性中表单的属性最为重要，下面将一一讲解。

■ 1.6.1　表单相关属性

在 HTML5 中，表单新增的属性如下：

- autofocus 属性：该属性可以用于 input（type=text，select，textarea，button）元素当中。autofocus 属性可以让元素在打开页面时自动获得焦点。
- placeholder 属性：该属性可以用于 input(type=text，password，textarea) 元素当中，使用该属性会对用户的输入进行提示，通常用于提示用户可以输入的内容。
- form 属性：该属性用于 input、output、select、textarea、button 和 fieldset 元素当中。
- Required 属性：该属性用于 input(type=text) 元素和 textarea 元素当中，表示用户提交时进行检查，检查该元素内一定要有输入内容。
- 在 input 元素与 button 元素中增加了新属性 formaction、formenctype、formmethod、formnovalidate 与 formtarget，这些属性可以重载 form 元素的 action、enctype、method、novalidate 与 target 属性。
- 在 input 元素、button 元素和 form 元素中增加了 novalidate 属性，该属性可以取消提交时进行的有关检查，表单可以被无条件地提交。

■ 1.6.2　其他相关属性

在 HTML5 中，新增的与链接相关的属性分别如下：

- 在 a 与 area 元素中增加了 media 属性，该属性规定目标 URL 是用什么类型的媒介进行优化的。
- 在 area 元素中增加了 hreflang 属性与 rel 属性，以保持与 a 元素和 link 元素的一致。

- 在 link 元素中增加了 sizes 属性。该属性用于指定关联图标 (icon 元素) 的大小，通常可以与 icon 元素结合使用。
- 在 base 元素中增加了 target 属性，主要目的是保持与 a 元素的一致性。
- 在 meta 元素中增加了 charset 属性，该属性为文档的字符编码的指定提供了一种良好的方式。
- 在 meta 元素中增加了 type 和 label 两个属性。label 属性为菜单定义一个可见的标注；type 属性让菜单可以以上下文菜单、工具条与列表菜单 3 种形式出现。
- 在 style 元素中增加了 scoped 属性，用来规定样式的作用范围。
- 在 script 元素中增加了 async 属性，该属性用于定义脚本是否异步执行。

1.7 课堂练习

以上是 HTML5 中新增的知识点。温故而知新，本小节为大家准备了一个课堂练习，运行效果如图 1-9 所示。

图 1-9

相信大家看到这张图片一定在想到底该用什么元素来设计呢？下面给大家展示完整的代码。

完整的代码如下：

```html
<!DOCTYPE html>
<html lang="en">
<head>
    <meta charset="UTF-8">
    <title> 课堂练习 </title>
</head>
<body>
<!-- 通常不推荐没有标题内容使用 section 元素 -->
    <!-- 不要与 article 元素混淆 -->
    <section>
        <h1> 香蕉 </h1>
        <p> 这是一种水果 </p>
    </section>
    <article>
        <h1> 苹果 </h1>
        <p> 这是一种水果 </p>
        <section>
            <h2> 红富士 </h2>
            <p> 这个苹果很好吃！！ </p>
        </section>
        <section>
            <h2> 洛川苹果 </h2>
            <p> 这个是陕西盛产的苹果！！ </p>
        </section>
    </article>
    <!-- 注意 section 和 article 的区别 -->
    <section>
        <h1> 有很多水果 </h1>
        <article>
            <h2> 香蕉 </h2>
            <p> 食用香蕉的好处 </p>
        </article>
        <article>
            <h2> 苹果 </h2>
            <p> 苹果含有维生素 </p>
        </article>
        <article>
            <h2> 西瓜 </h2>
            <p> 西瓜很好吃，其中含有 ...</p>
        </article>
    </section>
</body>
</html>
```

强化训练

学习完了本章的知识后，相信大家对 HTML5 中新增属性和元素有了一个全新的认识。下面的练习就是根据本节所涉及的知识设计的，请根据图 1-10 ～图 1-12 所示制作出一样的效果。

图 1-10 是在对话框中输入数字 2。

图 1-11 是在第二个对话框中输入数字 3。

图 1-12 是单击"确定"按钮，可以得到两个数的乘积为 6。

| 图 1-10 | 图 1-11 | 图 1-12 |

操作技巧

利用新增的元素属性 function multi() 函数可以做出一个简单的计算器的效果。

提示代码如下：

```
<script type="text/javascript">
    function multi(){
        a=parseInt(prompt(" 请输入第 1 个数字。", 0));
        b=parseInt(prompt(" 请输入第 2 个数字。", 0));
        document.forms["form"]["result"].value=a*b;
    }
</script>
```

本章结束语

本章详细讲述了 HTML5 新增的元素和属性、HTML5 和 HTML4 在语法、元素和属性上的差异。

通过本章的学习，相信大家已对 HTML5 主体结构元素和非主体结构元素有了一定的了解。这些元素明显地比以前的 div 标签更加具有语义化；但是如何使用和熟悉这些标签还是需要大家不断地去使用它们。

CHAPTER 02
使用 canvas 绘图

本章概述 SUMMARY

HTML5 带来了一个非常令人期待的新元素 canvas 元素。这个元素可以被 JS 用来绘制图形。利用这个元素可以把自己喜欢的图形和图像随心所欲地展现在 Web 页面上。本章就一起来学习一下通过 canvasAPI 来操作 canvas 元素。

■ 学习目标
了解 canvas 元素的基本概念。
学会如何使用 canvas 绘制一个简单的形状。
掌握使用路径的方法，能够利用路径绘制出多边形。
掌握 canvas 画布中使用图像的方法。
掌握在画布中绘制文字，给文字添加阴影的方法。

■ 课时安排
理论知识 1 课时。
上机练习 2 课时。

知识导图：

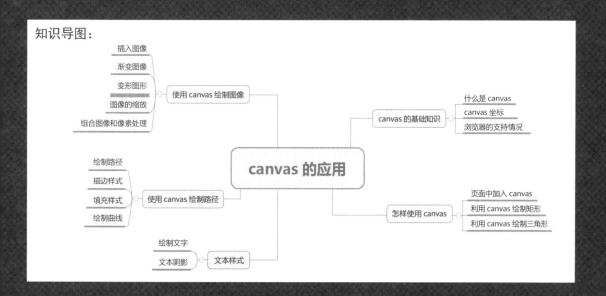

2.1 canvas 入门

canvas 元素允许脚本在浏览器页面当中动态地渲染点阵图像，新的 HTML5 canvas 是一个原生 HTML 绘图簿，用于 JavaScript 代码，不使用第三方工具。

■ 2.1.1 什么是 canvas

本质上 canvas 元素是一个白板，直到在它上面"绘制"一些可视内容。与拥有各种画笔的艺术家不同，我们是使用不同的方法在 canvas 上作画，或者说 canvas 是在浏览器上绘图的一种机制。之前都是使用 jpeg、gif 和 png 等格式的图片显示在浏览器当中，但是这样的图片是需要先创建完成再拿到页面当中的，其实就是静态的图片。这样的图片显然已经不能满足当今用户的需求了，于是 HTML5 canvas 顺势而出，现在手机上的很多小游戏都是用 canvas 来做的。

canvas 是一个矩形区域，可以控制其中每一个像素。默认矩形宽度是 200px × 150px。当然，canvas 也允许自定义画布的大小。canvas 标记由 Apple 在 Safari 1.3 Web 浏览器中引入。对 HTML 的这一根本扩展的原因在于 Apple 希望有一种方式在 Dashboard 中支持脚本化的图形。Firefox 和 Opera 都跟随了 Safari 的脚步，这两个浏览器都支持 canvas 标记。

访问页面的时候，如果浏览器不支持 canvas 元素，或者不支持 HTML5 Canvas API 中的某些特性，那么开发人员最好提供一份替代代码。例如，开发人员可以通过一张替代图片或者一些说明性的文字告诉访问者，使用最新的浏览器可以获得更佳的浏览效果。下列代码展示了如何在 canvas 中指定替代文本，当浏览器不支持 canvas 的时候会显示这些替代内容。

在 canvas 元素中使用替代内容：

```
<canvas>Update your browser to enjoy canvas! </canvas>
```

除了上述代码中的文本外，同样还可以使用图片，不论是文本还是图片都会在浏览器不支持 canvas 元素的情况下显示出来。

canvas 元素的可访问性怎么样？

提供替代图像或替代文本引出了可访问性这个话题——很遗憾，这是 HTML5 canvas 规范中明显的缺陷。例如，没有一种原生方法能够自动为已插入 canvas 中的图片生成用于替换的文字说明。同样，也没有原生方法可以生成替代文字以匹配由 Canvas Text API 动态生成的文字。在编写本书的时候，暂时还没有其他方法可以处理 canvas 中动态生成的内容，不过已经有工作组开始着手这方面的设计了。

知识拓展

canvas 的应用方向如下。

- 游戏：canvas 在基于 Web 的图像显示方面比 Flash 更加立体、更加精巧，canvas 游戏在流畅度和跨平台方面更牛。
- 可视化数据（数据图表化）：百度的 echart、d3.js、three.js。
- banner 广告：Flash 曾经辉煌的时代，智能手机还未曾出现。现在以及未来的智能机时代，HTML5 技术能够在 banner 广告上发挥巨大作用，用 canvas 实现动态的广告效果再合适不过。

■ 2.1.2　浏览器对 canvas 的支持情况

除了 Internet Explorer 以外，其他所有浏览器现在都提供对 HTML5 Canvas 的支持。不过，随后会列出一部分还没有被普遍支持的规范，Canvas Text API 就是其中之一。但是作为一个整体，HTML5 Canvas 规范已经非常成熟，不会有特别大的改动了。从表 2-1 中可以看到，写这本书的时候，已经有很多浏览器支持 HTML5 Canvas 了。

表 2-1

浏览器	支持情况
Chrome	从 1.0 版本开始支持
Firefox	从 1.5 版本开始支持
Internet Explorer	从 9.0 版本开始支持
Opera	从 9.0 版本开始支持
Safari	从 1.3 版本开始支持

从表 2.1 中可以看出，所有浏览器基本上都已经支持 canvas，这对开发者来说是非常好的消息。这意味着开发者的 canvas 开发成本降低很多，也不需要再去花费大量的时间去做烦人的各浏览器之间的调试。

在创建 HTML5 canvas 元素之前，首先要确保浏览器能够支持它。如果不支持，你就要为那些古董级浏览器提供一些替代文字。下面的代码就是检测浏览器支持情况的一种方法。

小试身手——浏览器小测试

验证 canvas 在浏览器中的支持情况代码如下。
HTML 代码：

```html
<canvas id="test-canvas" width="200" height="100">
<p> 你的浏览器不支持 Canvas</p>
</canvas>
```

JavaScript 代码：

```javascript
<script>
var canvas = document.getElementById('test-canvas');
if (canvas.getContext) {
alert(' 你的浏览器支持 Canvas!');
} else {
alert(' 你的浏览器不支持 Canvas!');
}
</script>
```

代码的运行效果如图 2-1 所示。

图 2-1

上述代码试图创建一个 canvas 对象，并且获取其上下文。如果发生错误，则可以捕获错误，进而得知该浏览器不支持 canvas。页面中预先放入了 ID 为 support 的元素，通过以适当的信息更新该元素的内容，可以反映出浏览器的支持情况。

以上示例代码能判断浏览器是否支持 canvas 元素，但不会判断具体支持 canvas 的哪些特性。

2.1.3　CSS 和 canvas

同大多数 HTML 元素一样，canvas 元素也可以通过应用 CSS 的方式来增加边框，设置内边距、外边距等，而且一些 CSS 属性还可以被 canvas 内的元素继承。比如字体样式，在 canvas 内添加的文字，其样式默认同 canvas 元素本身是一样的。

此外，在 canvas 中为 context 设置属性同样要遵从 CSS 语法。例如，对 context 应用颜色和字体样式，与在任何 HTML 和 CSS 文档中使用的语法完全一样。

2.1.4　canvas 坐标

在 canvas 当中有一个特殊的东西叫作"坐标"，就是平时所熟知的坐标体系。canvas 拥有自己的坐标体系，从最上角（0，0）开始，X 向右是增大，Y 向下是增大，也可以利用在 CSS 当中的盒子模型的概念来帮助理解。

canvas 坐标示意图如图 2-2 所示。

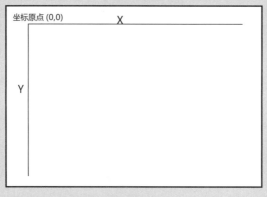

图 2-2

尽管 canvas 元素功能非常强大，用途也很广，但在某些情况下，如果其他元素已经够用了，就不应该再使用 canvas 元素。例如，用 canvas 元素在 HTML 页面中动态绘制所有不同的标题，就不如直接使用标题样式标签（H1、H2 等），它们所实现的效果是一样的。

2.2　怎样使用 canvas

本节将深入探讨 HTML5 Canvas API。为此，使用各种 HTML5 Canvas API 创建一幅类似于 Logo 的图像，图像是森林场景，还有适合长跑比赛的美丽跑道。虽然这个示例从平面设计的角度来看毫无竞争力，但却可以合理演示 HTML5 Canvas 的各种功能。

2.2.1 在页面中加入 canvas

在 HTML 页面中插入 canvas 元素非常直观。以下代码就是一段可以被插入 HTML 页面中的 canvas 代码：

```
<canvas width="300" height=" 300" ></canvas>
```

以上代码会在页面上显示出一块 300 像素 ×300 像素的区域。但是现在浏览器中是看不见的，现在需要很直观地在浏览器中预览效果的话，可以为 canvas 添加一些 CSS 样式，例如加上一点儿边框和背景色。

小试身手——在页面中添加 canvas

添加 canvas 方法代码如下：

```
<!DOCTYPE html>
<html lang="en">
<head>
<meta charset="UTF-8">
<title>canvas</title>
<style>
canvas{
border:2px solid red;
background:green;
}
</style>
</head>
<body>
<canvas id="diagonal" width="300" height="300"></canvas>
</body>
</html>
```

代码的运行效果如图 2-3 所示。

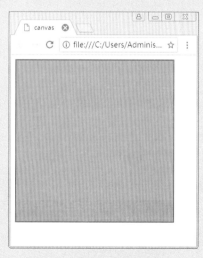

图 2-3

现在已经拥有了一个带有边框和绿色背景的矩形了，这个矩形就是准备好的画布。在没有 canvas 的时候想在页面上画一条对角线是非常困难的，但是自从有了 canvas 之后，绘制对角线的工作就变得很轻松了。在下面的代码中，只需要几行代码即可在"画布"中绘制一条标准的对角线了。

绘制直线的示例代码如下：

```
<script>
Function drawDiagonal(){
// 取得 canvas 元素及其绘图上下文
Var canvas=document.getElementById('diagonal');
Var context=canvas.getContext('2d');
// 用绝对坐标来创建一条路径
context.beginPath();
context.moveTo(0,300);
context.lineTo(300,0);
// 将这条线绘制到 canvas 上
context.stroke();
}
window.addEventListener("load",drawDiagonal,true);
</script>
```

代码的运行效果如图 2-4 所示。

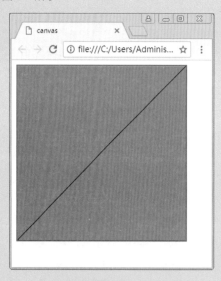

图 2-4

仔细看一下上面这段绘制对角线的 JavaScript 代码。虽然简单，它却展示出了使用 HTML5 Canvas API 的重要流程。

首先通过引用特定的 canvas ID 值来获取对 canvas 对象的访问权。这段代码中 ID 就是 diagonal。接着定义一个 context 变量，调用 canvas 对象的 getContext 方法，并传入希望使用的 canvas 类型。代码清单中通过传入 "2d" 来获取一个二维上下文，这也是到目前为止唯一可用的上下文。

接下来，基于这个上下文执行画线的操作。在代码清单中，调用了三个方法——

beginPath、moveTo 和 lineTo，传入了这条线的起点和终点的坐标。moveTo 和 lineTo 实际上并不画线，而是在结束 canvas 操作的时候，通过调用 context.stroke() 方法完成线条的绘制。从上面的代码中可以看出，canvas 中所有的操作都是通过上下文对象来完成的。在以后的 canvas 编程中也一样，因为所有涉及视觉输出效果的功能都只能通过上下文对象而不是画布对象来使用。这种设计使 canvas 拥有了良好的可扩展性，基于从其中抽象出的上下文类型，canvas 将来可以支持多种绘制模型。

如前面示例演示的那样，对上下文的很多操作都不会立即反映到页面上。beginPath、moveTo 以及 lineTo 这些函数都不会直接修改 canvas 的显示结果。canvas 中很多用于设置样式和外观的函数也同样不会直接修改显示结果。只有当对路径应用绘制（stroke）或填充（fill）方法时，结果才会显示出来。否则，只有在显示图像、文本或者绘制、填充和清除矩形框的时候，canvas 才会马上更新。

2.2.2　绘制矩形和三角形

在前面为大家介绍了 canvas 的工作原理，下面讲解在页面中利用 canvas 绘制矩形与三角形，让大家对 canvas 有一个进一步的认识。

canvas 只是一个绘制图形的容器，除了 id、class、style 等属性外，还有 height 和 width 属性。在 <canvas> 元素上绘图主要有三步，具体如下。

01 获取 <canvas> 元素对应的 DOM 对象，这是一个 Canvas 对象。

02 调用 Canvas 对象的 getContext() 方法，得到一个 CanvasRenderingContext2D 对象。

03 调用 CanvasRenderingContext2D 对象进行绘图。

绘制矩形 rect()、fillRect() 和 strokeRect() 函数的解释如下。

- context.rect(x , y , width , height)：只定义矩形的路径。
- context.fillRect(x , y , width , height)：直接绘制出填充的矩形。
- context.strokeRect(x , y , width , height)：直接绘制出矩形边框。

小试身手——绘制矩形的方法

使用 canvas 绘制矩形的方法代码如下：

```
<canvas id="demo" width="300" height="300"></canvas>
```

JavaScript 代码如下：

```
<script>
Var canvas=document.getElementById("demo");
Var context = canvas.getContext("2d");
// 使用 rect 方法
context.rect(10,10,190,190);
context.lineWidth = 2;
context.fillStyle = "#3EE4CB";
context.strokeStyle = "#F5270B";
context.fill();
context.stroke();
// 使用 fillRect 方法
```

```
context.fillStyle = "#1424DE";
context.fillRect(210,10,190,190);
// 使用 strokeRect 方法
context.strokeStyle = "#F5270B";
context.strokeRect(410,10,190,190);
// 同时使用 strokeRect 方法和 fillRect 方法
context.fillStyle = "#1424DE";
context.strokeStyle = "#F5270B";
context.strokeRect(610,10,190,190);
context.fillRect(610,10,190,190);
</script>
```

代码的运行效果如图 2-5 所示。

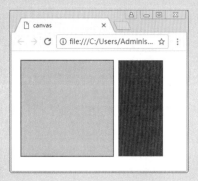

图 2-5

这里需要说明两点：第一点就是 stroke() 和 fill() 绘制的前后顺序，如果 fill() 后面绘制，那么当 stroke 边框较大时，会明显地把 stroke() 绘制出的边框遮住一半；第二点，设置 fillStyle 属性或 strokeStyle 属性时，可以通过 "rgba(255,0,0,0.2)" 的设置方式来设置，这个设置的最后一个参数是透明度。

另外还有一个跟矩形绘制有关的——清除矩形区域：context.clearRect(x,y,width,height)。接收参数分别为：清除矩形的起始位置以及矩形的宽和长。在上面的代码中绘制图形的最后加上：

context.clearRect(100,60,600,100);

代码的运行效果如图 2-6 所示。

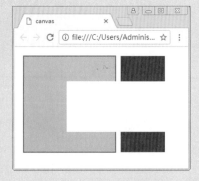

图 2-6

小试身手——绘制三角形的方法

用 canvas 来绘制三角形的代码如下。

HTML 代码如下：

```
<canvas id="canvas" width="500" height="500"></canvas>
```

JavaScript 代码如下：

```
<script>
var canvas=document.getElementById("canvas");
var cxt=canvas.getContext("2d");
cxt.beginPath();
cxt.moveTo(250,50);
cxt.lineTo(200,200);
cxt.lineTo(300,300);
cxt.closePath();// 填充或闭合 需要先闭合路径才能画
// 空心三角形
cxt.strokeStyle="green";
cxt.stroke();
// 实心三角形
cxt.beginPath();
cxt.moveTo(350,50);
cxt.lineTo(300,200);
cxt.lineTo(400,300);
cxt.closePath();
cxt.fill();
</script>
```

代码的运行效果如图 2-7 所示。

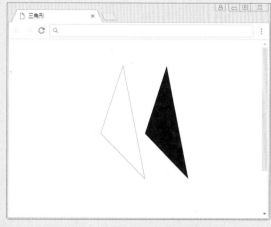

图 2-7

通过上面两个案例相信大家已经对如何在 canvas 上制作图形有了初步的认识，基本可以总结如下。

利用 fillStyle 和 strokeStyle 属性可以方便地设置矩形的填充和线条，颜色值使用和

CSS 一样，包括十六进制数，rgb()、rgba() 和 hsla。

- 使用 fillRect 可以绘制带填充的矩形。
- 使用 strokeRect 可以绘制只有边框没有填充的矩形。
- 如果想清除部分 canvas，可以使用 clearRect。

以上几个方法参数都是相同的，包括 x、y 和 width 和 height。

2.3 canvas 绘制曲线路径

canvas 提供了绘制矩形的 API，但对于曲线，并没有提供直接可以调用的方法。因此，需要利用 canvas 的路径来绘制曲线。使用路径，可以绘制线条、连续的曲线及复合图形。下面学习利用 canvas 的路径绘制曲线的方法。

2.3.1 路径

关于绘制线条，还能提供很多有创意的方法。现在应该进一步学习稍复杂点儿的图形：路径。HTML5 Canvas API 中的路径代表希望呈现的任何形状。本章对角线示例就是一条路径，代码中调用 beginPath 就说明是要开始绘制路径了。实际上，路径可以要多复杂有多复杂，如多条线、曲线段，甚至是子路径。如果想在 canvas 上绘制任意形状，那么需要重点关注路径 API。无论开始绘制何种图形，第一个需要调用的就是 beginPath。这个简单的函数不带任何参数，它用来通知 canvas 将要开始绘制一个新的图形了。对于 canvas，beginPath 函数最大的用处是 canvas 需要据此来计算图形的内部和外部范围，以便完成后续的描边和填充。

路径会跟踪当前坐标，默认值是原点。canvas 本身也跟踪当前坐标，不过可以通过绘制代码来修改。

调用了 beginPath 之后，就可以使用 context 的各种方法来绘制想要的形状了。到目前为止，已经用到了几个简单的 context 路径函数。

- moveTo(x, y)：不绘制，只是将当前位置移动到新的目标坐标 (x,y)。
- lineTo(x, y)：不仅将当前位置移动到新的目标坐标 (x,y)，而且在两个坐标之间画一条直线。

简而言之，上面两个函数的区别在于：moveTo 就像是提起画笔，移动到新位置，而 lineTo 告诉 canvas 用画笔从纸上的旧坐标画条直线到新坐标。不过，再次提醒一下，不管调用它们哪一个，都不会真正画出图形，因为还没有调用 stroke 或者 fill 函数。目前，只是在定义路径的位置，以便后面绘制时使用。

下一个特殊的路径函数叫作 closePath。这个函数的行为与 lineTo 很像，唯一的差别在于 closePath 会将路径的起始坐标自动作为目标坐标。closePath 还会通知 canvas 当前绘制的图形已经闭合或者形成了完全封闭的区域，这对将来的填充和描边都非常有用。

此时，可以在已有的路径中继续创建其他子路径，或者随时调用 beginPath 重新绘制新路径并完全清除之前的所有路径。下列代码演示了如何在 canvas 上绘制一棵松树的树冠。

小试身手——绘制一棵松树

绘制路径的代码如下：

```html
<!DOCTYPE html>
<html lang="en">
<head>
<meta charset="UTF-8">
<title>canvas 路径 </title>
</head>
<body>
<canvas id="demo" width="300" height="300"></canvas>
</body>
<script>
function createCanopyPath(context) {
// 绘制树冠
context.beginPath();
context.moveTo(-25, -50);
context.lineTo(-10, -80);
context.lineTo(-20, -80);
context.lineTo(-5, -110);
context.lineTo(-15, -110);
// 树的顶点
context.lineTo(0, -140);
context.lineTo(15, -110);
context.lineTo(5, -110);
context.lineTo(20, -80);
context.lineTo(10, -80);
context.lineTo(25, -50);
// 连接起点，闭合路径
context.closePath();
}
drawTrails();
function drawTrails() {
var canvas = document.getElementById('demo');
var context = canvas.getContext('2d');
context.save();
context.translate(130, 250);
// 创建表现树冠的路径
createCanopyPath(context);
// 绘制当前路径
context.stroke();
context.restore();
}
</script>
</html>
```

代码的运行效果如图 2-8 所示。

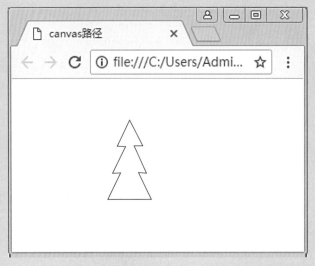

图 2-8

从上述代码中可以看到，在 javascript 中第一个函数用到的仍然是前面用过的移动和画线命令，只不过调用次数多了一些。这些线条表现的是树冠的轮廓，最后闭合了路径。为这棵树的底部留出了足够的空间，后面几节将在这里的空白处画上树干。

第二个函数这段代码中所有的调用想必大家已经很熟悉了。先获取 canvas 的上下文对象，保存以便后续使用，将当前位置变换到新位置，画树冠，绘制到 canvas 上，最后恢复上下文的初始状态。

2.3.2 描边样式

如果开发人员只能绘制直线，而且只能使用黑色，HTML5 Canvas API 就不会如此强大和流行。下面就使用描边样式让树冠看起来更像是树。下列代码展示了一些基本命令，其功能是通过修改 context 的属性，让绘制的图形更好看。

小试身手——给松树树冠设置样式

描边样式的制作方法代码如下：

```
<!DOCTYPE html>
<html lang="en">
<head>
<meta charset="UTF-8">
<title>canvas 描边 </title>
</head>
<body>
<canvas id="demo" width="300" height="300"></canvas>
</body>
<script>
function createCanopyPath(context) {
// 绘制树冠
```

```
context.beginPath();
context.moveTo(-25, -50);
context.lineTo(-10, -80);
context.lineTo(-20, -80);
context.lineTo(-5, -110);
context.lineTo(-15, -110);
// 树的顶点
context.lineTo(0, -140);
context.lineTo(15, -110);
context.lineTo(5, -110);
context.lineTo(20, -80);
context.lineTo(10, -80);
context.lineTo(25, -50);
// 连接起点，闭合路径
context.closePath();
}
drawTrails();
function drawTrails() {
var canvas = document.getElementById('demo');
var context = canvas.getContext('2d');
context.save();
context.translate(130, 250);
// 创建表现树冠的路径
createCanopyPath(context);
// 绘制当前路径
context.stroke();
context.restore();
// 加宽线条
context.lineWidth = 4;
// 平滑路径的接合点
context.lineJoin = 'round';
// 将颜色改成棕色
context.strokeStyle = '#663300';
// 最后，绘制树冠
context.stroke();
}
</script>
</html>
```

设置上面的这些属性可以改变将要绘制的图形外观，这个外观起码可以保持到将
context 恢复到上一个状态。

绘制的关键技术如下。

- 将线条宽度加粗到 3 像素。
- 将 lineJoin 属性设置为 round，这是修改当前形状中线段的连接方式，让
  拐角变得更圆滑；也可以把 lineJoin 属性设置成 bevel 或者 miter（相应
  的 context.miterLimit 值也需要调整）来变换拐角样式。
- 通过 strokeStyle 属性改变了线条的颜色。

代码的运行效果如图 2-9 所示。

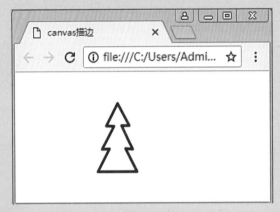

图 2-9

2.3.3 填充样式

能影响 canvas 图形外观的并非只有描边，另一个常用于修改图形的方法是指定如何填充其路径和子路径。从下列代码中可以看到，用怡人的绿色填充树冠很简单。

小试身手——给松树制作树叶

使用 canvas 填充颜色样式：

```
<!DOCTYPE html>
<html lang="en">
<head>
<meta charset="UTF-8">
<title>canvas 填充样式 </title>
</head>
<body>
<canvas id="demo" width="300" height="300"></canvas>
</body>
<script>
function createCanopyPath(context) {
// 绘制树冠
context.beginPath();
context.moveTo(-25, -50);
context.lineTo(-10, -80);
context.lineTo(-20, -80);
context.lineTo(-5, -110);
context.lineTo(-15, -110);
// 树的顶点
context.lineTo(0, -140);
context.lineTo(15, -110);
context.lineTo(5, -110);
context.lineTo(20, -80);
context.lineTo(10, -80);
context.lineTo(25, -50);
```

```
// 连接起点，闭合路径
context.closePath();
}
drawTrails();
function drawTrails() {
var canvas = document.getElementById('demo');
var context = canvas.getContext('2d');
context.save();
context.translate(130, 250);
// 创建表现树冠的路径
createCanopyPath(context);
// 绘制当前路径
context.stroke();
context.restore();
// 将填充色设置为绿色并填充树冠
context.fillStyle='#339900';
context.fill();
}
</script>
</html>
```

将 fillStyle 属性设置成合适的颜色。然后，只要调用 context 的 fill 函数就可以让 canvas 对当前图形中所有的闭合路径内部的像素点进行填充，最终填充的样式如图 2-10 所示。

图 2-10

■ 2.3.4   绘制曲线

生活中，多数情况下不只有直线和矩形。canvas 提供了一系列绘制曲线的函数。将用最简单的曲线函数二次曲线，来绘制林荫小路。下列代码演示了如何添加两条二次曲线。

小试身手——让松树旁边出现一条小路

曲线的绘制方法代码如下：

```html
<!DOCTYPE html>
<html lang="en">
<head>
<meta charset="UTF-8">
<title>canvas 绘制曲线 </title>
</head>
<body>
<canvas id="demo" width="300" height="300"></canvas>
</body>
<script>
function createCanopyPath(context) {
// 绘制树冠
context.beginPath();
context.moveTo(-25, -50);
context.lineTo(-10, -80);
context.lineTo(-20, -80);
context.lineTo(-5, -110);
context.lineTo(-15, -110);
// 树的顶点
context.lineTo(0, -140);
context.lineTo(15, -110);
context.lineTo(5, -110);
context.lineTo(20, -80);
context.lineTo(10, -80);
context.lineTo(25, -50);
// 连接起点，闭合路径
context.closePath();
}
drawTrails();
function drawTrails() {
var canvas = document.getElementById('demo');
var context = canvas.getContext('2d');
context.save();
context.translate(130, 250);
// 创建表现树冠的路径
createCanopyPath(context);
// 绘制当前路径
context.stroke();
context.restore();
// 将填充色设置为绿色并填充树冠
context.fillStyle='#339900';
context.fill();
// 保存 canvas 的状态并绘制路径
context.save();
context.translate(-10, 350);
context.beginPath();
// 第一条曲线向右上方弯曲
context.moveTo(0, 0);
context.quadraticCurveTo(170, -50, 260, -190);
// 第二条曲线向右下方弯曲
```

```
context.quadraticCurveTo(310, -250, 410,-250);
// 使用棕色的粗线条来绘制路径
context.strokeStyle = '#663300';
context.lineWidth = 20;
context.stroke();
// 恢复之前的 canvas 状态
context.restore();
}
</script>
</html>
```

　　跟以前一样，第一步要做的事情是保存当前 canvas 的 context 状态，因为即将变换坐标系并修改轮廓设置。要画林荫小路，首先要把坐标恢复到修正层的原点，向右上角画一条曲线。代码的运行效果如图 2-11 所示。

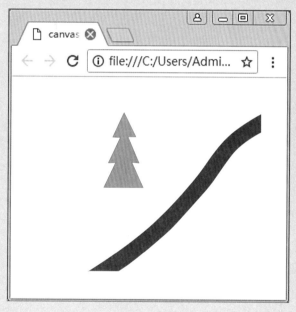

图 2-11

操作技巧

　　quadraticCurveTo 函数绘制曲线的起点是当前坐标，带有两组（x,y）参数。第二组是指曲线的终点。第一组代表控制点（control point）。所谓控制点位于曲线的旁边（不是曲线之上），其作用相当于对曲线产生一个拉力。通过调整控制点的位置，就可以改变曲线的曲率。在右上方再画一条一样的曲线，以形成一条路。然后，像之前描边树冠一样把这条路绘制到 canvas 上（只是线条更粗了）。

　　HTML5 Canvas API 的其他曲线功能还涉及 bezierCurveTo、arcTo 和 arc 函数。这些函数通过多种控制点（如半径、角度等）让曲线更具可塑性。图 2-11 显示了绘制在 canvas 上的两条曲线，看起来就像是穿过树林的小路一样。

2.4　canvas 绘制图像

可以利用 canvas API 生成和绘制图像。本节将使用 canvas API 的基本功能来插入图像并绘制背景图像，并且通过实例来熟悉应用 canvas 变换，从而对 canvas API 有一个更深刻的认识。

■ 2.4.1　插入图像

在 canvas 中显示图片非常简单。可以通过修正层为图片添加印章、拉伸图片或者修改图片等，并且图片通常会成为 canvas 上的焦点。用 HTML5 Canvas API 内置的几个简单命令可以轻松地为 canvas 添加图片内容。

不过，图片增加了 canvas 操作的复杂度：必须等到图片完全加载后才能对其进行操作。浏览器通常会在页面脚本执行的同时异步加载图片。如果试图在图片未完全加载之前就将其呈现到 canvas 上，那么 canvas 将不会显示任何图片。因此，开发人员要特别注意，在呈现之前，应确保图片已经加载完毕。

小试身手——插入图像的方法

使用 canvas 插入图像的具体做法如下：

```
<!DOCTYPE html>
<html lang="en">
<head>
<meta charset="UTF-8">
<title>Document</title>
<style>
canvas{
border:1px red solid;
}
</style>
</head>
<body>
<canvas id="cv" width="500" height="500"></canvas>
</body>
<script type="text/javascript">
function drawBeauty(beauty){
var mycv = document.getElementById("cv");
var myctx = mycv.getContext("2d");
myctx.drawImage(beauty, 0, 0);
}
function load(){
var beauty = new Image();
beauty.src = "fengjing.jpg";
if(beauty.complete){
drawBeauty(beauty);
}else{
```

```
beauty.onload = function(){
drawBeauty(beauty);
};
beauty.onerror = function(){
window.alert(' 风景加载失败，请重试 ');
};
//load
if (document.all) {
window.attachEvent('onload', load);
}else {
window.addEventListener('load', load, false);
}
</script>
</html>
```

插入图像的效果如图 2-12 所示。

图 2-12

■ 2.4.2 绘制渐变图形

渐变是指两种或两种以上的颜色之间的平滑过渡。对于 canvas，渐变也是可以实现的。
在 canvas 中可以实现两种渐变效果：线性渐变和径向渐变。

小试身手——使用 canvas 可以绘制线性渐变

使用 canvas 绘制线性渐变的示例代码如下：

```
<!DOCTYPE html>
<head>
<meta charset="UTF-8">
<title> 绘制线性渐变 </title>
<script >
```

```
function draw(id) {
var context = document.getElementById('canvas').getContext('2d');
var lingrad = context.createLinearGradient(0,0,0,150);
lingrad.addColorStop(0, 'red');
lingrad.addColorStop(1, 'green');
context.fillStyle = lingrad;
context.fillRect(10,10,130,130);
}
</script>
</head>
<body onload="draw('canvas');">
<h1> 绘制线性渐变 </h1>
<canvas id="canvas" width="400" height="300" />
</body>
</html>
```

代码的运行效果如图 2-13 所示。

图 2-13

下面来解释一下上段代码中的意义。

var lingrad = context.createLinearGradient(0,0,0,150);

这是创建的一个像素为 150、由上到下的线性渐变。

lingrad.addColorStop(0, 'red');
lingrad.addColorStop(1, 'green');

一个渐变可以有两种或多种的色彩变化。沿着渐变方向颜色可以在任何地方变化。要增加一种颜色变化，需要指定它在渐变中的位置。渐变位置可以在 0 和 1 之间任意取值。此段代码的渐变色调是一个从红到绿的过渡。

context.fillStyle = lingrad;

```
context.fillRect(10,10,130,130);
```

如果想让颜色产生渐变的效果，就需要为这个渐变对象设置图形的 fillStyle 属性，并绘制这个图形。

小试身手——使用 canvas 绘制径向渐变

径向渐变的绘制代码如下：

```
<!DOCTYPE html>
<head>
<meta charset="UTF-8">
<title> 绘制径向渐变 </title>
<script >
function draw(id) {
var context = document.getElementById('canvas').getContext('2d');
var radgrad = context.createRadialGradient(45,45,10,52,50,30);
radgrad.addColorStop(0, '#A7D30C');
radgrad.addColorStop(0.9, '#019F62');
radgrad.addColorStop(1, 'rgba(1,159,98,0)');
var radgrad2 = context.createRadialGradient(105,105,20,112,120,50);
radgrad2.addColorStop(0, '#FF5F98');
radgrad2.addColorStop(0.75, '#FF0188');
radgrad2.addColorStop(1, 'rgba(255,1,136,0)');
var radgrad3 = context.createRadialGradient(95,15,15,102,20,40);
radgrad3.addColorStop(0, '#00C9FF');
radgrad3.addColorStop(0.8, '#00B5E2');
radgrad3.addColorStop(1, 'rgba(0,201,255,0)');
var radgrad4 = context.createRadialGradient(0,150,50,0,140,90);
radgrad4.addColorStop(0, '#F4F201');
radgrad4.addColorStop(0.8, '#E4C700');
radgrad4.addColorStop(1, 'rgba(228,199,0,0)');
context.fillStyle = radgrad4;
context.fillRect(0,0,150,150);
context.fillStyle = radgrad3;
context.fillRect(0,0,150,150);
context.fillStyle = radgrad2;
context.fillRect(0,0,150,150);
context.fillStyle = radgrad;
context.fillRect(0,0,150,150);
}
</script>
</head>
<body onload="draw('canvas');">
<canvas id="canvas" width="300" height="300" />
</body>
</html>
```

代码的运行效果如图 2-14 所示。

图 2-14

上述代码 "context.createRadialGradient(105,105,20,112,120,50);" 所表示的含义为：105 为渐变开始的圆心横坐标，105 为渐变开始圆的圆心纵坐标，20 为开始圆的半径，112 为渐变结束圆的圆心横坐标，120 为渐变结束圆的圆心纵坐标，50 为结束圆的半径。

2.4.3　绘制变形图形

绘制图形的时候，可能经常会对绘制的图形进行变化。例如旋转，使用 canvas 的坐标轴变换处理功能，可以实现这样的效果。

如果对坐标使用变换处理，就可以实现图形的变形处理。对坐标的变换处理，有如下 3 种方式。

（1）平移

移动图形的绘制主要是通过 Translate 方法来实现的，定义方法如下：

Context. Translate(x,y);

Translate 方法使用两个参数：x 表示将坐标轴原点向左移动若干个单位，默认情况下为像素；y 表示将坐标轴原点向下移动若干个单位。

（2）缩放

使用图形上下文对象的 scale 方法将图像缩放。定义的方法如下：

Context.scale(x,y);

Scale 方法使用两个参数，x 是水平方向的放大倍数，y 是垂直方向的放大倍数。将图形缩小的时候，将这两个参数设置为 0~1 的小数就可以了，例如 0.1 是指将图形缩小 1/10。

（3）旋转

使用图形上下文对象的 rotate 方法将图形进行旋转。定义的方法如下：

Context.rotate(angle);

Rotate 方法接收一个参数 angle，angle 是指旋转的角度，旋转的中心点是坐标轴的原点。旋转是以顺时针方向进行的，想要逆时针旋转时将 angle 设定为负数就可以了。

小试身手——绘制变形图形的方法

变形图形的绘制代码如下：

```
<!DOCTYPE html>
<head>
<meta charset="UTF-8">
<title> 绘制变形的图形 </title>
<script >
function draw(id)
{
var canvas = document.getElementById(id);
if (canvas == null)
return false;
var context = canvas.getContext('2d');
context.fillStyle ="#fff"; // 设置背景色为白色
context.fillRect(0, 0, 400, 300);   // 创建一个画布
// 图形绘制
context.translate(200,50);
context.fillStyle = 'rgba(255,0,0,0.25)';
for(var i = 0;i < 50;i++)
{
context.translate(25,25);   // 图形向左、向下各移动 25
context.scale(0.95,0.95);   // 图形缩放
context.rotate(Math.PI / 10);   // 图形旋转
context.fillRect(0,0,100,50);
}
}
</script>
</head>
<body onload="draw('canvas');">
<canvas id="canvas" width="400" height="300" />
</body>
</html>
```

代码的运行效果如图 2-15 所示。

图 2-15

从上述代码可以看出绘制了一个矩形，在循环中反复使用平移坐标轴、图形缩放、图形旋转这 3 种技巧，最后绘制出了如图 2-15 所示的变形图形。

2.4.4　组合多个图形

使用 canvas API 可以将一个图形重叠绘制在另一个图形上面，但是图形中能够被看到的部分完全取决于以哪种方式进行组合，这时需要使用到 canvas API 的图形组合技术。

在 HTML5 中，只要用图形上下文对象的 globalCompositeOperation 属性就能自己决定图形的组合方式，使用方法如下：

Context. globalCompositeOperation=type

Type 值必须是下面的字符串之一。

- Source-over：这是默认值，表示图形会覆盖在原图形之上。
- Destination-over：表示会在原有图形之下绘制新图形。
- Source-in：新图形会仅仅出现与原有图形重叠的部分，其他区域都变成透明的。
- Destination-in：原有图形中与新图形重叠的部分会被保留，其他区域都变成透明的。
- Source-out：只有新图形中与原有内容不重叠的部分会被绘制出来。
- Destination-out：原有图形中与图形不重叠的部分会被保留。
- Source-atop：只绘制新图形中与原有图形重叠的部分和未被重叠覆盖的原有图形，新图形的其他部分变成透明。
- Destination-atop：只绘制原有图形中被新图形重叠覆盖的部分与新图形的其他部分无关，原有图形中的其他部分变成透明。
- Lighter：两图形重叠部分做加色处理。
- Darker：两图形中重叠的部分做减色处理。
- Xor：重叠部分会变成透明色。
- Copy：只有新图形会被保留，其他都被清除掉。

小试身手——组合多个图形的方法

圆形和正方形的组合方法代码如下：

```
<!DOCTYPE html>
<head>
<meta charset="UTF-8">
<title> 组合多个图形 </title>
<script >
function draw(id)
{
var canvas = document.getElementById(id);
if (canvas == null)
return false;
var context = canvas.getContext('2d');
// 定义数组
var arr = new Array(
```

```
"source-over",
"source-in",
"source-out",
"source-atop",
"destination-over",
"destination-in",
"destination-out",
"destination-atop",
"lighter",
"darker",
"xor",
"copy"
);
i = 8;
// 绘制原有图形
context.fillStyle = "#9900FF";
context.fillRect(10,10,200,200);
// 设置组合方式
context.globalCompositeOperation = arr[i];
// 设置新图形
context.beginPath();
context.fillStyle = "#FF0099";
context.arc(150,150,100,0,Math.PI*2,false);
context.fill();
}
</script>
</head>
<body onload="draw('canvas');">
<canvas id="canvas" width="400" height="300" />
</body>
</html>
```

代码的运行效果如图 2-16 所示。

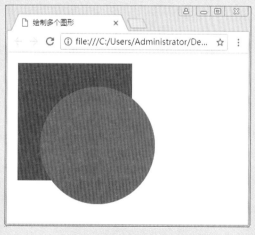

图 2-16

2.4.5 图形的缩放

在 canvas 中，可以对 canvas 对象进行缩放操作，主要利用 scale(x,y) 方法。Scale 这个方法有两个参数，分别代表 x 轴和 y 轴两个维度。每个参数在 canvas 显示图像的时候，向其传递在文本方向轴上图像要缩放的量。这个方法在后面的 CSS3 课程当中还会再次接触。

下面通过一个案例来向大家展示 canvas 的缩放功能。

小试身手——图形缩放技巧

使用 canvas 让图形缩放的代码如下：

```
<!DOCTYPE html>
<html lang="en">
<head>
<meta charset="UTF-8">
<title> 图形缩放 </title>
<style>
canvas{
border:2px solid red;
}
</style>
</head>
<body>
<canvas id="myCanvas" width="300" height="150"></canvas>
</body>
<script>
var myCanvas = document.getElementById("myCanvas");
var context = myCanvas.getContext("2d");
var rectWidth = 150;
var rectHeight = 75;
// 把绘制的对象移动到画布的中心位置
context.translate(myCanvas.width/2,myCanvas.height/2);
// 把图像缩小成原来的一半
context.scale(1,0.5);
context.fillStyle="green";
context.fillRect(-rectWidth/2,rectHeight/2,rectWidth,rectHeight);
</script>
</html>
```

代码的运行效果如图 2-17 所示。

图 2-17

■ 2.4.6　像素处理

Canvas API 最有用的特性之一是允许开发人员直接访问 canvas 底层像素数据。这种数据访问是双向的：一方面，可以以数值数组形式获取像素数据；另一方面，可以修改数组的值以将其应用于 canvas。实际上，放弃本章之前讨论的渲染调用，也可以通过直接调用像素数据的相关方法来控制 canvas。这要归功于 context API 内置的 3 个函数。

第一个是 context.getImageData(sx, sy, sw, sh)。这个函数返回当前 canvas 状态并以数值数组的方式显示。具体来说，返回的对象包括 3 个属性。

width：每行有多少个像素。

height：每列有多少个像素。

data：一维数组，存有从 canvas 获取的每个像素的 RGBA 值。该数组为每个像素保存了 4 个值，即红、绿、蓝和 alpha 透明度。每个值都在 0 ～ 255 之间。因此，canvas 上的每个像素在这个数组中就变成了 4 个整数值。数组的填充顺序是从左到右，从上到下（也就是先第一行再第二行，依次类推）。

getImageData 函数有 4 个参数，该函数只返回这 4 个参数所限定的区域内的数据。只有被 x、y、width 和 height 4 个参数框定的矩形区域内的 canvas 上的像素才会被取到。因此要想获取所有像素数据，就需要这样传入参数：getImageData(0, 0, canvas.width, canvas.height)。

因为每个像素由 4 个图像数据表示，所以要计算指定的像素点对应的值是什么会有点麻烦，为了方便设计，研究人员给出了下面的公式。

在设定了 width 和 height 的 canvas 上，在坐标 (x ,y) 上的像素的构成如下。

红色部分：((width * y) + x) * 4

绿色部分：((width * y) + x) * 4 + 1

蓝色部分：((width * y) + x) * 4 + 2

透明度部分：((width * y) + x) * 4 + 3

一旦可以通过像素数据的方式访问对象，就可以通过数学方式轻松修改数组中的像素值，因为这些值都是从 0 ～ 255 的简单数字。修改了任何像素的红、绿、蓝和 alpha 值之后，可以通过第二个函数来更新 canvas 上的显示，那就是 context.putImageData(imagedata, dx, dy)。

putImageData 允许开发人员传入一组图像数据，其格式与最初从 canvas 上获取来的是一样的。这个函数使用起来非常方便，因为可以直接用从 canvas 上获取数据加以修改然后返回。一旦这个函数被调用，所有新传入的图像数据值就会立即在 canvas 上更新显示出来。dx 和 dy 参数可以用来指定偏移量，如果使用，则该函数就会跳到指定的 canvas 位置去更新显示传进来的像素数据。

最后，如果想预先生成一组空的 canvas 数据，则可调用 context.createImageData(sw, sh)，这个函数可以创建一组图像数据并绑定在 canvas 对象上。这组数据可以像先前那样处理，只是在获取 canvas 数据时，这组图像数据不一定会反映 canvas 的当前状态。

2.5　canvas 文本应用

操作 canvas 文本的方式与操作其他路径对象的方法相同，可以描绘文本轮廓和填充文本内部，同时，所有能够应用于其他图形的变换和样式都能用于文本。本节就来学习 canvas 文本的应用。

■ 2.5.1　绘制文本

文本绘制由以下两个方法组成：

```
fillText(text,x,y,maxwidth);
strokeText(text,x,y,maxwidth);
```

两个函数的参数完全相同，必选参数包括文本参数以及用于指定文本位置的坐标参数。maxwidth 是可选参数，用于限制字体大小，它会将文本字体强制收缩到指定尺寸。此外，还有一个 measureText 函数可供使用，该函数会返回一个度量对象，其中包含了在当前 context 环境下指定文本的实际显示宽度。

为了保证文本在各浏览器下都能正常显示，Canvas API 为 context 提供了类似于 CSS 的属性，以此来保证实际显示效果的高度可配置。

使用 canvas API 来进行文字绘制主要有如下几个属性。

- Font：CSS 字体字符串，用来设置字体。
- textAlign：设置文字水平对齐方式，属性值可以为 start、end、left、right、center。
- textBaseline：设置文字垂直对齐方式，属性值可以为 top、hanging、middle、alphabetic、ideographic、bottom。

对上面这些 context 属性赋值能够改变 context，而访问 context 属性可以查询到其当前值。在下列代码中，首先创建了一段使用 Impact 字体的大字号文本，然后使用已有的树皮图片作为背景进行填充。为了将文本置于 canvas 的上方并居中，定义了最大宽度和 center（居中）对齐方式。

小试身手——绘制文本的方法

绘制文本的具体代码如下：

```
<!DOCTYPE html>
<html>
<head>
<meta charset="UTF-8">
<title>Canvas 绘制文本文字 </title>
</head>
<body>
<!-- 添加 canvas 标签，并加上红色边框以便于在页面上查看 -->
<canvas id="myCanvas" width="400px" height="300px" style="border: 1px solid red;">
您的浏览器不支持 canvas 标签。
```

```
</canvas>
<script type="text/javascript">
// 获取 Canvas 对象（画布）
var canvas = document.getElementById("myCanvas");
// 简单地检测当前浏览器是否支持 Canvas 对象，以免在一些不支持 html5 的浏览器中提示语
// 法错误
if(canvas.getContext){
// 获取对应的 CanvasRenderingContext2D 对象（画笔）
var ctx = canvas.getContext("2d");
// 设置字体样式
ctx.font = "30px Courier New";
// 设置字体填充颜色
ctx.fillStyle = "blue";
// 从坐标点 (50,50) 开始绘制文字
ctx.fillText("CodePlayer+ 中文测试 ", 50, 50);
}
</script>
</body>
</html>
```

代码的运行效果如图 2-18 所示。

图 2-18

■ 2.5.2　应用阴影

使用内置的 Canvas Shadow API 为文本添加模糊阴影效果。虽然能够通过 HTML5 Canvas API 将阴影效果应用于之前执行的任何操作中，但与很多图形效果的应用类似，阴影效果的使用也要把握好度。

可以通过几种全局 context 属性来控制阴影，如表 2-2 所示。

表 2-2

属 性	值	备 注
shadowColor	任何 CSS 中的颜色值	可以使用透明度（alpha）
ShadowOffsetX	像素值	值为正数，向右移动阴影；值为负数，向左移动阴影
shadowOffsetY	像素值	值为正数，向下移动阴影；值为负数，向上移动阴影
shadowBlur	高斯模糊值	值越大，阴影边缘越模糊

shadowColor 或者其他任意一项属性的值被赋为非默认值时，路径、文本和图片上的阴影效果就会被触发。下列代码显示了如何为文本添加阴影效果。

操作技巧

```
// 设置文字阴影的颜色为黑色，透明度为 20%
ctx.shadowColor = 'rgba(0, 0, 0, 0.2)';
// 将阴影向右移动 15px，向上移动 10px
ctx.shadowOffsetX = 15;
ctx.shadowOffsetY = -10;
// 轻微模糊阴影
ctx.shadowBlur = 2;
```

2.6　课堂练习

根据前面所学的填充等知识来完成如图 2-19 所示五角星的绘制。

图 2-19

通过这张图片可以看出这不是简单的五角星，因为有个发光的效果，具体该怎么设置呢？

代码如下：

```html
<!DOCTYPE HTML>
<html>
<head>
<meta charset="utf-8">
<!-- 函数 S-->
<script type="text/javascript">
function canFun(){
var canvas=document.querySelector("canvas");
var context=canvas.getContext("2d");
context.moveTo(76,197);
context.lineTo(421,197);
context.lineTo(143,399);
context.lineTo(248,71);
context.lineTo(356,399);
context.lineTo(76,197);
<!-- 五角星路径 E-->
<!-- 中心区域渐变 S-->
var radGrad=context.createRadialGradient(200,190,2,250,250,1800);
radGrad.addColorStop(0.0,"white");
radGrad.addColorStop(0.05,"red");
context.fillStyle=radGrad;
<!-- 中心区域渐变 E-->
<!-- 描边和填充 S-->
context.closePath();
context.lineWidth = 8;
context.stroke();
context.fill();
<!-- 描边和填充 E-->
<!-- 保持位置居于浏览器中心 S-->
canvas.style.position="absolute";
canvas.style.top=(document.documentElement.clientHeight-500)/2+"px";
canvas.style.left=(document.documentElement.clientWidth-500)/2+"px";
<!-- 保持位置居于浏览器中心 E-->
}
window.onload=window.onresize=canFun;
</script>
 <!-- 函数 E-->
</head>
<body>
<canvas width="500" height="500" > 该浏览器不支持 canvas.</canvas>
</body>
</html>
```

强化训练

相信通过前面的学习大家已经对 canvas 的绘图功能有了较为全面的认识了。本节将会通过一个练习带着大家一起把之前所学的 canvas 知识灵活运用起来，以达到一个新的高度。根据如图 2-20 所示的效果绘制一个时钟。

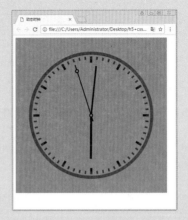

图 2-20

操作提示

分刻度的做法代码提示如下：

```
for(var i = 0; i < 60; i++) {
cxt.save();
// 设置分刻度的粗细
cxt.lineWidth = 5;
// 设置分刻度的颜色
cxt.strokeStyle = "#123";
// 设置或者重置画布的 0,0 点
cxt.translate(250,250);
// 设置旋转的角度
cxt.rotate(i*6*Math.PI/180);
// 开始绘制
cxt.beginPath();
cxt.moveTo(0,-180);
cxt.lineTo(0,-190);
cxt.stroke();
cxt.closePath();
cxt.restore();
```

以上的代码是表盘上的刻度代码，也是很重要代码的一部分，想要设计完整个时钟还需要根据以上的知识来融会贯通。

本章结束语

本章主要学习了利用 canvas API 进行绘图的方法，包括路径、矩形、描边、文本阴影等。通过本章的学习，要求读者能对 canvas 的绘图功能有一个全面的认识，并且能够利用 canvas 绘出想要的图形和图案效果。

CHAPTER 03
制作新型表单

本章概述 SUMMARY

表单是 HTML5 最大的改进之一，HTML5 表单大大改进了表单的功能，改进了表单的语义化。对 Web 全段开发者而言，HTML5 表单大大提高了工作效率。那么本章就一起来学习 HTML5 中表单的应用。

■ 学习目标

掌握 HTML5 中新增的表单元素可以使用的属性及使用方法。

学会 HTML5 中新增的表单中元素可以使用的属性及它们的使用方法。

了解 HTML5 中除了表单以外，在页面上新增及改良的元素及其它们的使用方法。

■ 课时安排

理论知识 1 课时。

上机练习 1 课时。

知识导图：

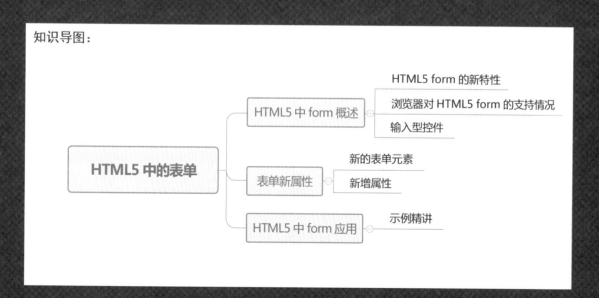

3.1 认识 HTML5 form

HTML5 Forms 被业界称为 Web Form2.0，是对目前 Web 表单的全面升级，在保持简便易用特性的同时，还增加了很多的内置控件和属性来满足用户的需求，并且同时减少了开发人员的编程工作。

3.1.1 HTML5 form 新特性

HTML5 主要在以下几个方面对目前的 Web 表单做了改进。

（1）内建的表单校验系统

HTML5 为不同类型的输入控件各自提供了新的属性来控制这些控件的输入行为，比如常见的必填项 required 属性，以及数字类型控件提供的 max、min 等。而在提交表单时，一旦校验错误浏览器将不执行提交操作，并且会给出相应的提示信息。

应用代码如下：

```
<input type="text" required/>
<input type="number" min="1" max="10"/>
```

（2）新的控件类型

HTML5 中提供了一系列新的控件，完全具备类型检查的功能，例如 email 输入框。

应用代码如下：

```
<input type="email" />
```

（3）改进的文件上传控件

可以使用一个空间上传多个文件，自行规定上传文件的类型，甚至可以设定每个文件的最大容量。在 HTML5 应用中，文件上传控件将变得非常强大和易用。

（4）重复的模型

HTML5 提供了一套重复机制来帮助用户构建一些需要重复输入列表，其中包括 add、remove、move-up 和 move-down 的按钮类型。通过一套重复的机制，开发人员可以非常方便地实现我们经常看到的编辑列表。

3.1.2 浏览器对 HTML5 form 的支持情况

在应用 HTML5 Forms 时，各浏览器支持的程度不一，因此，需要熟练掌握各浏览器对 HTML5 的 Forms 支持情况。表 3-1 列出了各浏览器对 HTML5 输入型控件属性和元素的支持情况。

表 3-1

Input type	IE	Firefox	Opera	Chrome	Safari
email	No	4.0	9.0	10.0	No
url	No	4.0	9.0	10.0	No
number	No	No	9.0	7.0	No
range	No	No	9.0	4.0	4.0
Date pickers	No	No	9.0	10.0	No

续表

Input type	IE	Firefox	Opera	Chrome	Safari
search	No	4.0	11.0	10.0	No
color	No	No	11.0	No	No
datalist	No	No	9.5	No	No
keygen	No	No	10.5	3.0	No
output	No	No	9.5	No	No
autocomplete	8.0	3.5	9.5	3.0	4.0
autofocus	No	No	10.0	3.0	4.0
form	No	No	9.5	No	No
form overrides	No	No	10.5	No	No
height and width	8.0	3.5	9.5	3.0	4.0
list	No	No	9.5	No	No
min, max and step	No	No	9.5	3.0	No
multiple	No	3.5	No	3.0	4.0
novalidate	No	No	No	No	No
pattern	No	No	9.5	3.0	No
placeholder	No	No	No	3.0	3.0
required	No	No	9.5	3.0	No

通过上述表格可以看出，目前 Opera 对新的输入类型的支持最好。不过您已经可以在所有主流的浏览器中使用它们了。即使不被支持，仍然可以显示为常规的文本域。如果我们在学习中使用不一样的浏览器可能会在支持度和外观上出现差异。

3.1.3　新型表单的输入型控件

HTML5 拥有多个新的表单输入型控件。这些新特性提供了更好的输入控制和验证。下面就来为大家介绍这些新的表单输入型控件。

（1）Input 类型 email

email 类型用于应该包含 e-mail 地址的输入域。

在提交表单时，会自动验证 email 域的值。

代码实例如下：

```
E-mail:<input type="email" name="email_url" />
```

（2）Input 类型 url

url 类型用于应该包含 url 地址的输入域。

当添加此属性在提交表单时，表单会自动验证 url 域的值。

代码实例如下：

```
Home-page: <input type="url" name="user_url" />
```

知识拓展

iPhone 中的 Safari 浏览器支持 url 输入类型，并通过改变触摸屏键盘来配合它（添加 .com 选项）。

（3）Input 类型 number

number 类型用于应该包含数值的输入域，用户能够设定对所接受数字的限定。

代码实例如下：

```
points: <input type="number" name="points" max="10" min="1" />
```

使用下面的属性来规定对数字类型的限定。

- Max：number　规定允许的最大值。
- Min：number　规定允许的最小值。
- Step：number　规定合法的数字间隔（如果 step="3"，则合法的数是 -3,0,3,6 等）。
- Valu：number　规定默认值。

----- 知识拓展 ○ -----

iPhone 中的 Safari 浏览器支持 number 输入类型，并通过改变触摸屏键盘来配合它（显示数字）。

（4）Input 类型 range

range 类型用于应该包含一定范围内数字值的输入域，在页面中显示为可移动的滑动条。还能够设定对所接受的数字的限定。

小试身手——数字的限定

下面通过 range 属性制作一个数字的选择值。

```
<input name="range" type="range" value="20" min="2" max="100" step="5" />
```

请使用下面的属性来规定对数字类型的限定。

- Max：number　规定允许的最大值。
- Min：number　规定允许的最小值。
- Step：number　规定合法的数字间隔（如果 step="3"，则合法的数是 -3,0,3,6 等）。
- Value：number 规定默认值。

代码的运行效果如图 3-1 所示。

图 3-1

（5）Input 类型 Date Pickers（日期选择器）

HTML5 拥有多个可供选取日期和时间的新输入类型。

- Date：选取日、月、年。

- Month：选取月、年。
- Week：选取周和年。
- Time：选取时间（小时和分钟）。
- Datetime：选取时间、日、月、年（UTC 时间）。
- datetime-loca：选取时间、日、月、年（本地时间）。

小试身手——制作日期选择器

制作日期选择器的方法代码如下：

```
<!DOCTYPE html>
<html lang="en">
<head>
<meta charset="UTF-8">
<title>date&time 输入类型 </title>
</head>
<body>
出生日期：
<input name="date1" type="date" value="2017-11-31"/>
出生时间：
<input name="time1" type="time" value="10:00"/>
</body>
</html>
```

代码的运行效果如图 3-2 所示。

图 3-2

（6）Input 类型 search

search 类型用于搜索域，开发者可以用在百度搜索，在页面中显示为常规的单行文本输入框。

（7）Input 类型 color

color 类型用于颜色，可以让用户在浏览器当中直接使用拾色器找到自己想要的颜色。

小试身手——制作颜色选择器

颜色选择器的使用方法代码如下：

```
color: <input type="color" name="color_type"/>
```

代码的运行效果如图 3-3 所示。

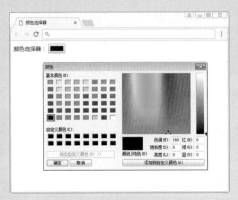

图 3-3

3.2 表单新属性

HTML5 Forms 为我们新添了很多新属性，这些新属性与传统的表单相比功能更加强大，用户体验也更好。

3.2.1 新的表单元素

在 HTML5 Forms 中，添加了一些新的表单元素，这些元素能够更好地帮助完成开发工作，同时也能更好地满足客户的需求。下面就来一起学习这些新的表单元素。在此介绍的表单元素包括 datalist、eygen、Output。

（1）datalist 元素

<datalist> 标签定义选项列表。请与 input 元素配合使用该元素，来定义 input 可能的值。datalist 及其选项不会被显示出来，它仅仅是合法的输入值列表。

小试身手——选项列表的定义

选项列表的定义代码如下：

```
<input list="cars" />
<datalist id="cars">
<option value="BMW">
<option value="Ford">
<option value="Volvo">
</datalist>
```

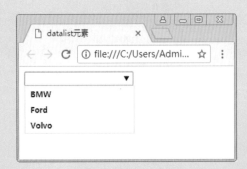

代码的运行效果如图 3-4 所示。

图 3-4

（2）keygen 元素

<keygen> 标签规定用于表单的密钥对生成器字段。当提交表单时，私钥存储在本地，公钥发送到服务器。

小试身手——表单的密钥生成

下面一段代码表示的是怎样生成表单的密钥：

```
<!DOCTYPE html>
<html lang="en">
<head>
<meta charset="UTF-8">
<title> keygen 元素 </title>
</head>
<body>
<form action="demo_keygen.asp" method="get">
Username: <input type="text" name="usr_name" />
Encryption: <keygen name="security" />
<input type="submit" />
</form>
</body>
</html>
```

代码的运行效果如图 3-5 所示。

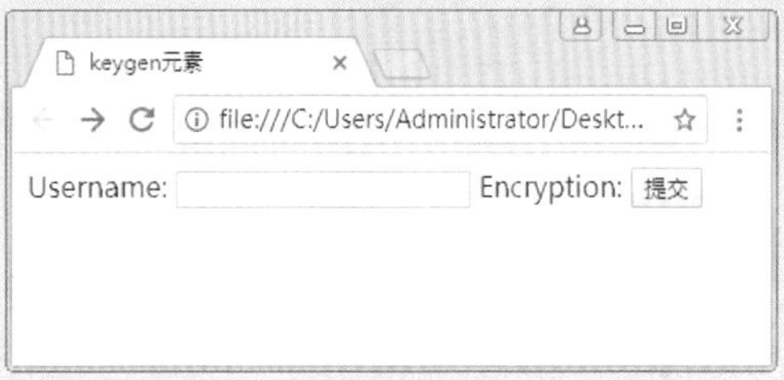

图 3-5

在这里，很多人可能都会好奇，这个 keygen 标签到底是干什么的，一般会在什么样的场景下去使用它呢？下面就来为大家解除疑惑。

首先 <keygen> 标签会生成一个公钥和私钥，私钥会存放在用户本地，而公钥则会发送到服务器。那么 <keygen> 标签生成的公钥 / 私钥是用来做什么用的呢？在看到公钥 / 私钥的时候，应该就会想到了非对称加密。<keygen> 标签在这里起到的作用也是一样。

以下是使用 <keygen> 标签的好处。

● 可以提高验证时的安全性。

● 同时如果是作为客户端证书来使用，可以提高对 MITM 攻击的防御力度。

● keygen 标签是跨越浏览器实现的，实现起来非常容易。

（3）output 元素

<output> 标签定义不同类型的输出，比如脚本的输出。

小试身手——表单的类型输出

通过使用 output 元素来做出一个简易的加法计算器，代码如下：

```
<!DOCTYPE html>
<html lang="en">
<head>
<meta charset="UTF-8">
<title>output 元素 </title>
</head>
<form oninput="x.value=parseInt(a.value)+parseInt(b.value)">0
<input type="range" id="a" value="50">100
+<input type="number" id="b" value="50">
=<output name="x" for="a b"></output>
</form>
</body>
</html>
```

代码的运行效果如图 3-6 所示。

图 3-6

3.2.2 新增表单属性

下面看一下 HTML5 新增的特性。新增的表单属性和新增的输入控件一样，不管目标浏览器是否支持新增特性，都可以放心地使用。这主要是因为现在大多数浏览器在不支持这些特性时，会忽略它们，而不是报错。

（1）form 属性

在 HTML4 中，表单内的从属元素必须书写在表单内部，但是在 HTML5 中，可以把它们书写在页面上的任何位置。然后给元素指定一个 form 属性，属性值为该表单单位的 ID。这样就可以声明该元素从属于指定表单了。

示例代码如下：

```
<form action="" id="myForm">
<input type="text" name="">
</form>
<input type="submit" form="myForm" value=" 提交 ">
```

在上面的示例中，提交表单并没有写在 <form> 表单元素内部，但是在 HTML5 中即便没有写在 <form> 表单中也依然可以执行自己的提交动作。这样带来的好处就是不需要在写页面布局时考虑所需要的页面结构是否合理。

（2）formaction 属性

在 HTML4 中，一个表单内的所有元素都只能通过表单的 action 属性统一提交到另一个页面，而在 HTML5 中可以给所有的提交按钮，如 <input type="submit" />、<input type="image" src="" /> 和 <button type="submit"></button> 都增加不同的 formaction 属性，使得点击不同的按钮，可以将表单中的内容提交到不同的页面。

示例代码如下：

```
<form action="" id="myForm">
<input type="text" name="">
<input type="submit" value="" formaction="a.php">
<input type="image" src="img/logo.png" formaction="b.php">
<button type="submit" formaction="c.php"></button>
</form>
```

（3）placeholder 属性

placeholder 也就是输入占位符，它是出现在输入框中的提示文本，当用户点击输入栏时，它就会自动消失。当输入框中有值或者获得焦点时，不显示 placeholder 的值。

它的使用方法也是非常简单的，只要在 input 输入类型中加入 placeholder 属性，然后指定提示文字即可。

小试身手——输入占位符

制作输入框中的提示文字代码如下：

```
<input type="text" name="username" placeholder=" 请输入用户名 "/>
```

代码的运行效果如图 3-7 所示。

图 3-7

（4）autofocus 属性

autofocus 属性用于指定 input 在网页加载后自动获得焦点。

小试身手——自动获得焦点

页面加载完成后光标会自动跳转到输入框中，等待用户的输入的代码如下：

```
<input type="text" autofocus/>
```

代码的运行效果如图 3-8 所示。

图 3-8

（5）novalidate 属性

新版本的浏览器会在提交时对 email、number 等语义 input 做验证，有的会显示验证失败信息，有的则不提示失败信息只是不提交。因此，为 input、button、form 等增加 novalidate 属性，则提交表但是进行的有关检查会被取消，表单将无条件提交。

示例代码如下：

```
<form action="novalidate" >
<input type="text">
<input type="email">
<input type="number">
<input type="submit" value="">
</form>
```

（6）required 属性

可以对 input 元素与 textarea 元素指定 required 属性。该属性表示在用户提交时进行检查，检查该元素内一定要有输入内容。

示例代码如下：

```
<form action="" novalidate>
<input type="text" name="username" required />
<input type="password" name="password" required />
<input type="submit" value=" 提交 ">
</form>
```

（7）autocomplete 属性

autocomplete 属性用来保护敏感用户数据，避免本地浏览器对它们进行不安全的存储。通俗来说，可以设置 input 在输入时是否显示之前的输入项。例如，可以应用在登录用户处，避免安全隐患。

示例代码如下：

```
<input type="text" name="username" autocomplete />
```

autocomplete 属性可输入的属性值如下。

- 其属性值为 on 时，该字段不受保护，值可以被保存和恢复。
- 其属性值为 off 时，该字段受保护，值不可以被保存和恢复。
- 其属性值不指定时，使用浏览器的默认值。

（8）list 属性

在 HTML5 中，为单行文本框增加了一个 list 属性，该属性的值为某个 datalist 元素的 id。

小试身手——检索 datalist 元素的值

list 属性的应用示例代码如下：

```
<input list="cars" />
<datalist id="cars">
<option value="BMW">
<option value="Ford">
<option value="Volvo">
</datalist>
```

代码的运行效果如图 3-9 所示。

图 3-9

（9）min 和 max 属性

min 与 max 这两个属性是数值类型或日期类型的 input 元素的专用属性，它们限制了在 input 元素中输入的数字与日期的范围。

小试身手——限制数字范围

min 和 max 属性的使用代码如下：

```
<input type="number" min="0" max="100" />
```

代码的运行效果如图 3-10 所示。

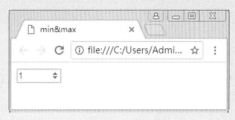

图 3-10

（10）step 属性

step 属性控制 input 元素中的值增加或减少时的步幅。

代码示例如下：

```
<input type="number" step="4"/>
```

（11）pattern 属性

pattern 属性主要通过一个正则表达式来验证输入内容。

代码实例如下：

```
<input type="text" required pattern="[0-9][a-zA-Z]{5}" />
```

上述代码表示该文本内输入的内容格式必须是以一个数字开头，后面紧跟 5 个字母，字母大小写类型不限。

（12）multiple 属性

multiple 属性允许输入域中选择多个值。通常它适用于 file 类型。

代码实例如下：

```
<input type="file" multiple />
```

上述代码 file 类型本来只能选择一个文件，但是加上 multiple 之后却可以同时选择多个文件进行上传操作。

3.3 HTML5 中 form 应用

用户注册页面是基本上所有的论坛、QQ 等都会用到的一个界面，作为注册页面，通常有以下几个元素。

- 用户名：作为登录使用。
- 密码：登录时使用。
- 邮箱，电话以及其他个人信息等。

在对注册表单进行提交操作时通常都会对您的用户名、密码、邮箱等信息进行验证，一来是为了防止非法字符进入数据库；二来也可以很及时地在页面上抛出异常，避免用户的多次操作。

下面将通过一个常见的注册表单的制作，来巩固所学 forms 及其新增属性知识的应用。

小试身手——一个注册型的表单

制作注册型表单的制作代码如下：

```
<!DOCTYPE html>
<html lang="en">
<head>
<meta charset="UTF-8">
<title>HTML5 Forms</title>
<style>
*{margin:0;padding:0;}
h1{
text-align: center;
background:#ccc;
}
form{
/* text-align:center; */
}
div{
padding:10px;
padding-left:50px;
}
.prompt_word{
color:#aaa;
}
</style>

</head>
<body>
<h1> 用户注册表 </h1>
<form id="userForm" action="#" method="post" oninput="x.value=userAge.value">
<div>
用户名： <input type="text" name="username" required pattern="[0-9a-zA-z]{6,12}" placeholder="
请输入用户名 ">
<span class="prompt_word"> 用户名必须是 6-12 位英文字母或者数字组成 </span>
```

```
</div>
<div>
密码：<input type="password" name="pwd2" id="pwd1" required placeholder=" 请 输 入 密 码 "
pattern="[a-zA-Z][a-zA-Z0-9]{10,20}" />
<span class="prompt_word"> 密码必须是英文字母开头和数字组成的 10-20 位字符组成 </span>
</div>
<div>
确认密码：<input type="password" name="pwd2" id="pwd2" required placeholder=" 请再次输入
密码 " pattern="[a-zA-Z][a-zA-Z0-9]{10,20}" />
<span class="prompt_word"> 两次密码必须一致 </span>
</div>
<div>
姓名：<input type="text" placeholder=" 请输入您的姓名 " />
</div>
<div>
生日：<input type="date" id="userDate" name="userDate">
</div>
<div>
主页：<input type="url" name="userUrl" id="userUrl">
</div>
<div>
邮箱：<input type="email" name="userEmail" id="userEmail">
</div>
<div>
年龄：<input type="range" id="userAge" name="userAge" min="1" max="120" step="1" />
<output for="userAge" name="x"></output>
</div>
<div>
性别：<input type="radio" name="sex" value="man" checked> 男 <input type="radio" name="sex"
value="woman"> 女
</div>
<div>
头像：<input type="file" multiple>
</div>
<div>
学历：<input type="text" list="userEducation">
<datalist id="userEducation">
<option value=" 初中 "> 初中 </option>
<option value=" 高中 "> 高中 </option>
<option value=" 本科 "> 本科 </option>
<option value=" 硕士 "> 硕士 </option>
<option value=" 博士 "> 博士 </option>
<option value=" 博士后 "> 博士后 </option>
</datalist>
</div>
<div>
个人简介：<textarea name="userSign" id="userSign" cols="40" rows="5"></textarea>
</div>
<div>
<input type="checkbox" name="agree" id="agree"><label for="agree"> 我同意注册协议 </label>
</div>
</form>
<div>
<input type="submit" value=" 确认提交 " form="userForm" />
</div>
</body>
</html>
```

代码的运行效果如图 3-11 所示。

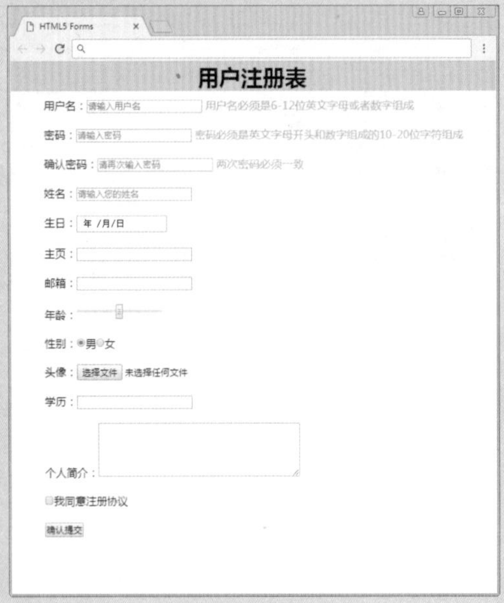

图 3-11

3.4 课堂练习

根据以上学习的知识，完成如图 3-12 所示的一个表单。

图 3-12

从图 3-12 可以看出，包括了本节所讲的部分重要知识点。下面给出上图效果的代码：

```
<!doctype html>
<html>
```

```html
<head>
<meta charset="utf-8">
<title> 无标题文档 </title>
</head>
<body>
<form action="Test.html" method="get">
    <fieldset>
        <legend>HTML5 新增表单元素 </legend>
        <table>
            <tr>
                <td> 邮箱 </td>
                <td><input type="email" name="email"></td>
            </tr>
            <tr>
                <td> 地址 </td>
                <td><input type="url" name="url"></td>
            </tr>
            <tr>
                <td> 日期 </td>
                <td><input type="date" name="data"></td>
            </tr>
            <tr>
                <td> 时间 </td>
                <td><input type="time" name="time"></td>
            </tr>
            <tr>
                <td> 月份 </td>
                <td><input type="month" name="month"></td>
            </tr>
            <tr>
                <td> 星期 </td>
                <td><input type="week" name="week"></td>
            </tr>
            <tr>
                <td> 滑动条 </td>
                <td><input type="range" name="range"></td>
            </tr>
            <tr>
                <td> 颜色 </td>
                <td><input type="color" name="color"></td>
            </tr>
            <tr>
                <td><input type=" 提交 "></td>
            </tr>
        </table>
    </fieldset>
</form>
</body>
</html>
```

强化训练

新型的表单打破了以往表单的老气样式，可以根据 HTML5 中新增的表单知识制作出很多好看而且新颖的注册性表单。

请根据图 3-13 所示的表单，制作出类似或者相同的表单。

图 3-13

操作提示

此表单的关键性代码如下：

```
<fieldset>
<ol>
<li><label for=username> 用户昵称：</label><input id=username name=username
autofocus required>
<li><label for=uemail>Email：</label><input id=uemail type=email name=uemail
required placeholder="example@domain.com">
<li><label for=age> 工作年龄：</label><input id=age type=range name=range1 max="60" min="18">
<output onforminput="value=range1.value">30</output>
<li><label for=age2> 年龄 :</label><input id=age2 type=number required
placeholder="your age">
<li><label for=birthday> 出生日期：</label><input id=birthday type=date>
<datalist id=searchlist>
<option label="Google" value="http://www.google.com" />
<option label="Baidu" value="http://www.baidu.com" />
</datalist></li>
</ol>
</fieldset>
```

本章结束语

本章首先介绍了 HTML5 Forms 的新特性，接着讲解了各大浏览器对 HTML5 Forms 的支持情况，然后对新的输入型控件、表单元素和表单属性做了详细的介绍，最后通过一个实例带着大家深入地再次巩固对 HTML5 Forms 的使用。

通过本章的学习，相信大家可以体会到 HTML5 表单的强大功能和方便性。通过对表单的这些新的输入类型和特性的实践，加深了表单的应用。

CHAPTER 04
多媒体的应用

本章概述 SUMMARY

多媒体来自多种不同的格式。它可以是用户听到或看到的任何内容，文字、图片、音乐、音效、录音、电影、动画等。在因特网上，用户会经常发现嵌入网页中的多媒体元素，现代浏览器已支持多种多媒体格式。

■ 学习目标
了解 audio 和 video 元素的知识。
了解 audio 和 video 元素的浏览器支持情况。
学会 audio 和 video 元素的应用方法。
掌握 audio 和 video 元素的属性。

■ 课时安排
理论知识 1 课时。
上机练习 1 课时。

知识导图：

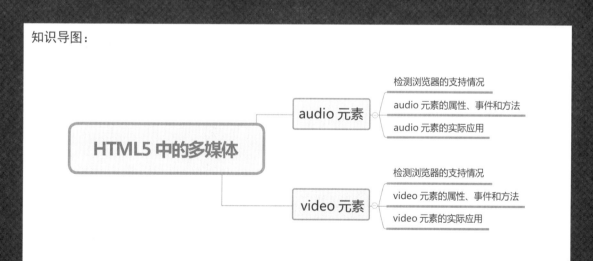

4.1 认识 audio 和 video 元素

以前在网页中如果想要播放音频或者视频，多数都是需要通过第三方插件来完成，而在 HTML5 中可以直接使用 audio 和 video 标记在网页中来载入外部的音频和视频资源。通过对标签内属性的设置便可以让网页载入外部资源时选择需要的播放模式，立即播放或者出现一个播放按钮。

五大浏览器厂商对 HTML5 中的 audio 元素的支持情况如表 4-1 所示。

表 4-1

浏览器	MP3	Wav	Ogg
Internet Explorer	YES	NO	NO
Chrome	YES	YES	YES
Firefox	YES	YES	YES
Safari	YES	YES	NO

对 HTML5 中的 video 元素的支持情况如表 4-2 所示。

表 4-2

浏览器	MP4	WebM	Ogg
Internet Explorer	YES	NO	NO
Chrome	YES	YES	YES
Firefox	YES 从 Firefox 21 版本开始 Linux 系统从 Firefox 30 开始	YES	YES
Safari	YES	NO	NO
Opera	YES 从 Opera 25 版本开始	YES	YES

以上就是五大主流浏览器厂商对 HTML5 中的音视频元素的支持情况了。至于所熟知的 360、遨游、世界之窗、QQ 等浏览器的支持情况则是需要看其内核构成。一般来说，国内浏览器多使用 Chrome 内核，因此支持情况一般也不会很差。

4.2 audio 和 video 元素的应用

前面对 HTML5 中的音视频元素进行了简单的讲解，那么这两个元素在 HTML5 中如何使用呢？下面将一起来学习音视频元素在 HTML5 中是如何工作的。

■ 4.2.1 检测浏览器是否支持

在 HTML5 下检测浏览器是否支持 audio 元素或 video 元素最简单的方式是用脚本动态创建它，然后检测特定函数是否存在：

```
var hasVideo = !!(document.createElement('video').canPlayType);
```

这段脚本会动态创建一个 video 元素，然后检查 canPlayType() 函数是否存在。通过"!!"运算符将结果转换成布尔值，就可以反映出视频对象是否已创建成功。

如果仅仅只想显示一条文本形式提示信息替代本应显示的内容。那就简单了，在 audio 元素或 video 元素中按下面这样插入信息即可。

```
<video src="video.ogg" controls>
Your browser does not support HTML5 video.
</video>
```

如果是要为不支持 HTML5 媒体的浏览器提供可选方式来显示视频，可以使用相同的方法，将以插件方式播放视频的代码作为备选内容，放在相同的位置即可：

```
<video src="video.ogg">
<object data="videoplayer.swf" type="application/x-shockwave-flash">
<param name="movie" value="video.swf"/>
</object>
</video>
```

在 video 元素中嵌入显示 Flash 视频的 object 元素之后，如果浏览器支持 HTML5 视频，那么 HTML5 视频会优先显示，Flash 视频做后备。不过在 HTML5 被广泛支持之前，可能需要提供多种视频格式。

4.2.2　audio 元素

作为多媒体元素，audio 元素用来向页面中插入音频或其他音频流。语法描述：

```
<audio></audio>
```

小试身手——给网页插入音乐

使用 audio 元素插入一段音频的示例代码如下：

```
<!DOCTYPE html>
<html lang="en">
<head>
<meta charset="UTF-8">
<title>Document</title>
</head>
<body>
<audio src=" xiaochou.mp3" controls ></audio>
</body>
</html>
```

上面的代码 audio 元素先是规定了在页面中插入一个音频文件，接着就是指定了音频的路径，最后让这个音频文件有一个可以供用户使用的播放 / 暂停按钮。

代码的运行效果如图 4-1 所示。

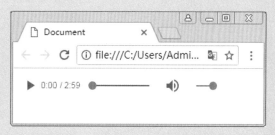

图 4-1

audio 元素除了前面介绍的功能外，还有一些其他属性与功能供用户使用。

● 自动播放

```
<audio src=" xiaochou.mp3" autoplay></audio>
```

● 按钮播放

```
<audio src=" xiaochou.mp3" controls></audio>
```

● 循环播放

```
<audio src=" xiaochou.mp3" autoplay    loop></audio>
```

● 静音

```
<audio src=" xiaochou.mp3" autoplay muted></audio>
```

● 预加载

```
<audio src=" xiaochou.mp3" preload></audio>
```

4.2.3　使用 audio 元素

在对 audio 元素有了一个全面的了解后，这一节将会带着大家制作一个案例，以便大家更好地掌握 audio 元素。下面以为 audio 元素加上按钮为例，演示如何利用 audiogenic 实现更加丰富的音频效果。

小试身手——给播放器添加控件

为 audio 元素添加按钮的示例代码如下：

```html
<!DOCTYPE html>
<html lang="en">
<head>
<meta charset="UTF-8">
<title>Document</title>
</head>
<body>
<audio id="player" controls>
<source src=" xiaochou.mp3"/>
<source src=" xiaochou.ogg"/>
</audio>
<hr/>
<!-- 为 audio 元素添加四个按钮，分别是播放、暂停、增加声音和减小声音 -->
<input type="button" value=" 播放 " onclick="document.getElementById("player").play()">
<input type="button"value=" 暂停 " onclick="document.getElementById("player").pause()">
<input type="button"value=" 增加声音 " onclick="document.getElementById("player").volume+=0.1">
<input type="button" value=" 减小声音 " onclick="document.getElementById("player").volume-=0.1">
</body>
</html>
```

代码的运行效果如图 4-2 所示。

图 4-2

4.2.4　video 元素

在 HTML5 中，如果需要在网页中观看视频，只需要下面这段代码即可：

<video src="Wildlife.wmv"> 您的浏览器不支持 video</video>

代码虽然很简单，但是因为目前来说浏览器之间支持格式的不同，所以也可以向前面的 audio 元素的解决方案学习，通过加入备用的视频文件来适应不同的浏览器，这里依然还是需要 source 元素来引入视频文件。

小试身手——给网页插入视频

使用 video 元素的示例代码如下：

```
<video width="320" height="240" controls>
<source src="xiaoshipin.mp4" type="video/mp4">
<source src="xiaoshipin.ogg" type="video/ogg"> 您的浏览器不支持 Video 标签。
</video>
```

代码运行效果如图 4-3 所示。

图 4-3

■ 4.2.5 使用 video 元素

在网页中想要加入视频就需要用到 video 元素，用法与 audio 相似，只是一个是添加视频的，一个是添加音频的。

video 属性和 audio 属性大致相同，以上已经介绍。

语法描述：

```
<video></video>
```

小试身手——给视频添加控件

给视频添加控件的实际应用代码如下：

```
<!DOCTYPE html>
<html>
<head>
<meta charset="UTF-8" />
<title>video test</title>
<script type="text/javascript">
var video;
function init(){
video = document.getElementById("video1");
// 监听视频播放结束事件
video.addEventListener("ended",function(){
alert(" 播放结束。");
},true);
// 发生错误
video.addEventListener("error",function(){
switch(video.error.code){
case MediaError.Media_ERROR_ABORTED:
alert(" 视频的下载过程被中止。");
break;
case MediaError.MEDIA_ERR_NETWORK:
alert(" 网络发生故障，视频的下载过程被中止。");
break;
case MediaError.MEDIA_ERR_DECODE:
alert(" 解码失败。");
break;
case MediaError.MEDIA_ERR_SRC_NOT_SUPPORTED:
alert(" 不支持播放的视频格式。");
break;
}
},false);
}
function play(){
// 播放视频
video.play();
}
function pause(){
```

```
// 暂停视频
video.pause();
}
</script>
</head>
<body onLoad="init()">
<!-- 可以添加 controls 属性来显示浏览器自带的播放控制条 -->
<video id="video1" src="xiaoshipin.mp4"></video>
<br/>
<button onClick="play()"> 播放 </button>
<button onClick="pause()"> 暂停 </button>
</body>
</html>
```

代码的运行效果如图 4-4 所示。

图 4-4

4.3 audio 和 video 属性、方法和事件

前面学习了 audio 和 video 最基本的用法，为了更加灵活地控制音视频的播放，就需要学习 audio 和 video 的相关属性、方法和事件了。

4.3.1 audio 和 video 相关事件

audio 和 video 的相关事件具体如表 4-3 所示。

表 4-3

事　件	描　述
canplay	当浏览器能够开始播放指定的音视频时，发生此事件
canplaythrough	当浏览器预计能够在不停下来进行缓冲的情况下持续播放指定的音频视频时，发生此事件
durationchange	当音频、视频的时长数据发生变化时，发生此事件
loadeddata	当当前帧数据已加载，但没有足够的数据来播放指定音频视频的下一帧时，会发生此事件

续表

事　件	描　述
loadedmatadata	当指定的音频视频的元数据已加载时，会发生此事件。元数据包括时长、尺寸 (仅视频) 以及文本轨道
loadstart	当浏览器开始寻找指定的音频视频时，发生此事件
progress	正在下载指定的音频视频时，发生此事件
abort	音频视频终止加载时，发生此事件
ended	音频视频播放完成后，发生此事件
error	音频、视频加载错误时，发生此事件
pause	音频视频暂停时，发生此事件
play	开始播放时，发生此事件
playing	因缓冲而暂停或停止后已就绪时触发此事件
ratechange	音频视频播放速度发生改变时，发生此事件
seeked	用户已移动、跳跃到音频视频中的新位置时，发生此事件
seeking	用户开始移动、跳跃到新的音频视频播放位置时，发生此事件
stalled	浏览器尝试获取媒体数据，但数据不可用时触发此事件
suspend	浏览器刻意不加载媒体数据时触发此事件
timeupdate	播放位置发生改变时触发此事件
volumechange	音量发生改变时触发此事件
waiting	视频由于需要缓冲而停止时触发此事件

4.3.2　audio 和 video 相关属性

audio 和 video 相关属性如表 4-4 所示。

表 4-4

属　性	描　述
src	用于指定媒体资源的 URL 地址
autoplay	资源加载后自动播放
buffered	用于返回一个 TimeRanges 对象，确认浏览器已经缓存媒体文件。
controls	提供用于播放的控制条
currentSrc	返回媒体数据的 URL 地址
currentTime	获取或设置当前的播放位置，单位为秒
defaultPlaybackRate	返回默认播放速度
duration	获取当前媒体的持续时间
loop	设置或返回是否循环播放
muted	设置或返回是否静音
networkState	返回音频视频当前网络状态
paused	检查视频是否已暂停
playbackRate	设置或返回音频视频的当前播放速度
played	返回 TimeRanges 对象。TimeRanges 表示用户已经播放的音频视频范围
preload	设置或返回是否自动加载音视频资源
readyState	返回音频视频当前就绪状态
seekable	返回 TimeRanges 对象，表明可以对当前媒体资源进行请求
seeking	返回是否正在请求数据
volume	设置或返回音量，值为 0 到 1.0

4.3.3　audio 和 video 相关方法

audio 和 video 相关方法如表 4-5 所示。

表 4-5

方　法	描　述
canPlayType()	检测浏览器是否能播放指定的音频、视频
load()	重新加载音频、视频元素
pause()	停止当前播放的音频、视频
play()	开始播放当前音频、视频

4.4　课堂练习

本节的课堂练习请大家根据图 4-5 所示的内容，在一个页面中同时添加一个音频和一个视频。

图 4-5

图 4-5 显示的是给页面添加了音乐和视频的操作，其代码如下：

```html
<!Doctype html>
<html>
<head>
<title>HTML5 多媒体 </title>
<meta charset="utf-8"/>
</head>
<body>
    <div>
        <audio id="myAudio" controls>
            <source src="xiaochou.mp3" type="audio/mpeg">
            您的浏览器不支持 audio
        </audio>
    </div>
    <div>
        <video id="myVideo" controls>
            <source src="xiaoshipin.mp4" type="video/mp4">
            您的浏览器不支持 video
        </video>
    </div>
</body>
</html>
```

强化训练

利用使用 video 元素或 audio 元素的 volume 属性读取或修改媒体的播放音量，也可以利用 video 元素或 audio 元素的 muted 属性读取或修改媒体的静音状态，该值为布尔值，true 表示处于静音状态，false 表示处于非静音状态。

代码的运行效果如图 4-6 所示。

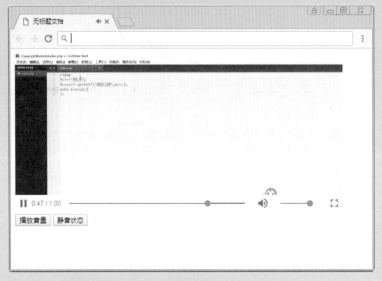

图 4-6

操作提示

JS 代码如下：

```
var myVid=document.getElementById("video");
function volume(){
    // 读取或修改媒体的播放音量
    myVid.volume = 0.1;
}
function muted() {
    // 读取或修改媒体当前的静音状态
    myVid.muted = true;
}
```

本章结束语

本章较为详细地介绍了 HTML5 中 audio 和 video 标签的用法，讲解了它们如何在网页中使用。使用 HTML5 中的音频和视频元素可以轻松地在网页上实现音频和视频。相信随着 HTML5 标准的不断完善和发展，HTML5 支持的音频和视频会不断丰富起来。

CHAPTER 05
获取地理位置

本章概述 SUMMARY

地理信息定位在当今社会中被广泛地应用在科研、侦查、安全等
领域。在 HTML5 当中，使用 Geolocation API 和 position 对象，
可以获取用户当前的地理位置，同时也可以将用户当前所在的地
理位置信息在地图上标注出来。本章就来学习有关地理位置信息
处理的相关内容。

■ 学习目标
学会 Geolocation 属性的使用方法。
学会浏览器对 Geolocation 的支持情况。
掌握在页面上使用地图的基本方法。

■ 课时安排
理论知识 1 课时。
上机练习 1 课时。

知识导图：

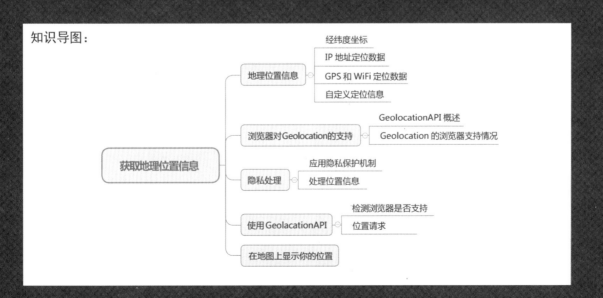

5.1 关于地理位置信息

HTML5 怎样获取地理信息，如 HTML5 怎样获取 IP 地址，怎样实现 GPS 导航定位，wifi 基站的 mac 地址服务等，这些在 HTML5 中都已经由 API 实现了。用户可以轻松使用 HTML5 技术进行操作。下面详细为大家介绍 HTML5 操作地理信息。

5.1.1 经度和纬度坐标

经纬度是经度与纬度的合称组成一个坐标系统，称为地理坐标系统，它是一种利用三度空间的球面来定义地球上的空间的球面坐标系统，能够标示地球上的任何一个位置。

纬线和经线一样是人类为度量方便而假设出来的辅助线，定义为地球表面某点随地球自转所形成的轨迹。任何一根纬线都是圆形而且两两平行。纬线的长度是赤道的周长乘以纬线的纬度的余弦，所以赤道最长，离赤道越远的纬线，周长越短，到了两极就缩为 0。从赤道向北和向南，各分 90°，称为北纬和南纬，分别用 N 和 S 表示。

经线也称子午线，和纬线一样是人类为度量方便而假设出来的辅助线，定义为地球表面连接南北两极的大圆线上的半圆弧。任意两根经线的长度相等，相交于南北两极点。每一根经线都有其相对应的数值，称为经度。经线指示南北方向。

子午线命名的由来："某一天体的运动轨迹中，同一子午线上的各点该天体在上中天（午）与下中天（子）出现的时刻相同。"不同的经线具有不同的地方时。偏东的地方时要早，偏西的地方时要迟。

5.1.2 IP 地址定位数据

IP 地址被用来给 Internet 上的电脑一个编号。大家日常见到的情况是每台联网的 PC 上都需要有 IP 地址才能正常通信。可以把"个人电脑"比作"一台电话"，那么"IP 地址"就相当于"电话号码"，而 Internet 中的路由器，就相当于电信局的"程控式交换机"。

IP 地址是一个 32 位的二进制数，通常被分割为 4 个"8 位二进制数"（也就是 4 个字节）。IP 地址通常用"点分十进制"表示成（a.b.c.d）的形式，其中，a,b,c,d 都是 0~255 之间的十进制整数。例如：点分十进制 IP 地址（100.4.5.6），实际上是 32 位二进制数（01100100.00000100.00000101.00000110）。

基于 IP 地址定位的实现方法主要分为以下两个步骤。

01 自动查找用户的 IP 地址。
02 检索其注册的物理地址。

5.1.3 GPS 地理定位数据

GPS 是英文 Global Positioning System（全球定位系统）的简称。GPS 起始于 1958 年美国军方的一个项目，1964 年投入使用。利用该系统，用户可以在全球范围内实现全天候、连续和实时的三维导航定位和测速。另外，利用该系统，用户还可以进行高精度的事件传递和高精度的精密定位。

与 IP 地址定位不同的是，使用 GPS 可以非常精确地定位数据，但是它也有一个非常致命的缺点，就是它的定位事件可能比较长，这一缺点使得它不适合需要快速定位响应数据的应用程序中。

5.1.4 Wi-Fi 地理定位数据

Wi-Fi 是一种允许电子设备连接到一个无线局域网（WLAN）的技术，通常使用 2.4G UHF 或 5G SHF ISM 射频频段。连接到无线局域网通常是有密码保护的；但也可是开放的，这样就允许任何在 WLAN 范围内的设备可以连接上。Wi-Fi 是一个无线网络通信技术的品牌，由 Wi-Fi 联盟所持有。目的是改善基于 IEEE 802.11 标准的无线网路产品之间的互通性。有人把使用 IEEE 802.11 系列协议的局域网就称为无线保真。甚至把 Wi-Fi 等同于无线网际网路（Wi-Fi 是 WLAN 的重要组成部分）。

基于 Wi-Fi 的地理定位数据具有定位准确，可以在室内使用，以及简单、快速定位等优点，但是如果在乡村这些无线接入点比较少的地区，Wi-Fi 定位的效果就不是很好。

5.1.5 用户自定义的地理定位

除了前面讲解的几个地理定位方式之外，还可以通过用户自定义的方法来实现地理定位数据。例如，应用程序可能允许用户输入自己的地址、联系电话和邮件地址等一些详细信息，应用程序可以利用这些信息来提供位置感知服务。

当然，由于各种限制，用户自定义的地理定位数据可能存在不准确的结果，特别是在用户的当前位置改变后。但是用户自定义地理定位的方式还是拥有很多优点的，具体表现为以下两个方面。

- 能够允许地理定位服务的结果作为备用位置信息。
- 用户自行输入可能会比检测更快。

5.2 浏览器对 Geolocation 的支持

各个浏览器之间对 HTML5 Geolocation 的支持情况也是不一样的，并且还在不断地更新。本节首先会对 HTML5 Geolocation API 进行介绍，然后再讲解各个浏览器之间对 HTML5 Geolocation API 的支持情况。

5.2.1 GeolocationAPI 必学知识

HTML5 中的 GPS 定位功能主要用的是 getCurrentPosition，该方法封装在 navigator. geolocation 属性里，是 navigator.geolocation 对象的方法。

getCurrentPosition() 函数简介：

使用 getCurrentPosition 方法可以获取用户当前的地理位置信息，该方法的定义如下：

getCurrentPosition(successCallback,errorCallback,positionOptions);

1）successCallback

表示调用 getCurrentPosition 函数成功以后的回调函数，该函数带有一个参数，对象字面量格式，表示获取到的用户位置数据。该对象包含两个属性 coords 和 timestamp。其中

coords 属性包含以下 7 个值。

- accuracy：精确度。
- latitude：纬度。
- longitude：经度。
- altitude：海拔。
- altitudeAccuracy：海拔高度的精确度。
- heading：朝向。
- speed：速度。

2）errorCallback

和 successCallback 函数一样带有一个参数，对象字面量格式，表示返回的错误代码。它包含以下两个属性。

- message：错误信息。
- code：错误代码。

其中错误代码包括以下 4 个值。

- UNKNOWN_ERROR：表示不包括在其他错误代码中的错误，这里可以在 message 中查找错误信息。
- PERMISSION_DENIED：表示用户拒绝浏览器获取位置信息的请求。
- POSITION_UNAVAILABLE：表示网络不可用或者连接不到卫星。
- TIMEOUT：表示获取超时。必须在 options 中指定了 timeout 值时才有可能发生这种错误

（3）positionOptions

positionOptions 的数据格式为 JSON，有 3 个可选的属性。

- enableHighAccuracy—布尔值：表示是否启用高精确度模式，如果启用这种模式，浏览器在获取位置信息时可能需要耗费更多的时间。
- timeout—整数：表示浏览器需要在指定的时间内获取位置信息，否则触发 errorCallback。
- maximumAge—整数 / 常量：表示浏览器重新获取位置信息的时间间隔。

小试身手——获取当前位置方法

下面通过一个实例来展示如何让使用 getCurrentPosition 方法来获取当前位置信息。

```
<!DOCTYPE HTML>
<head>
<script type="text/javascript">
function showLocation(position) {
var latitude = position.coords.latitude;
var longitude = position.coords.longitude;
alert("Latitude : " + latitude + " Longitude: " + longitude);
}
function errorHandler(err) {
if(err.code == 1) {
alert("Error: Access is denied!");
}else if( err.code == 2) {
alert("Error: Position is unavailable!");
```

```
}
}
function getLocation(){
if(navigator.geolocation){
// timeout at 60000 milliseconds (60 seconds)
var options = {timeout:60000};
navigator.geolocation.getCurrentPosition(showLocation, errorHandler, options);
}else{
alert("Sorry, browser does not support geolocation!");
}
}
</script>
</head>
<body>
<form>
<input type="button" onclick="getLocation();" value="Get Location"/>
</form>
</body>
</html>
```

代码的运行效果如图 5-1 所示。

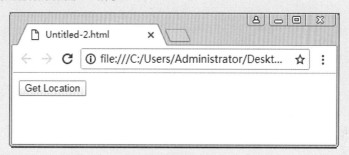

图 5-1

单击按钮出现的地理位置请求如图 5-2 所示。

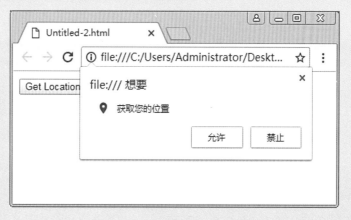

图 5-2

○ 知识拓展

除了 getCurrentPosition 方法可以定位用户的地理位置信息之外还有另外两种方法。

（1）watchCurrentPosition 方法。

该方法用于定期自动地获取用户的当前位置信息，其使用方法如下：

watchCurrentPosition(successCallback,errorCallback,positionOptions);

该方法返回一个数字，这个数字的使用方法与 javascript 中 setInterval 方法的返回参数的使用方法类似。该方法也有 3 个参数，这 3 个参数的使用方法与 getCurrentPosition 方法中的参数说明与使用方法相同，在此不再赘述。

（2）clearWatch 方法。

该方法用于停止对当前用户地理位置信息的监视，其定义如下：

clearWatch(watchId);

该方法的参数 watchId 是调用 watchPosition 方法监视地理位置信息时的返回参数。

5.2.2 Geolocation 的浏览器支持情况

目前因特网中运行着各式各样的浏览器，只对五大浏览器厂商的支持情况进行分析。其他的浏览器，例如国内也有很多浏览器厂商，它们多数都是使用五大浏览器厂商的内核，所以不对它们做过多的分析与比较。

支持 HTML5 Geolocation 的浏览器有以下几种。

- Firefox 浏览器。Firefox3.5 及以上的版本支持 HTML5 Geolocation。
- IE 浏览器。在该浏览器中通过 Gears 插件支持 HTML5 Geolocation。
- Opera 浏览器。Opera10.0 版本及以上版本支持 HTML5 Geolocation。
- Safrai 浏览器。Safrai4 中支持以及 iPhone 中支持 HTML5 Geolocation。

5.3 隐私处理

HTML5 Geolocation 规范提供了一套保护用户隐私的机制。在没有用户明确许可的情况下，不可以获取用户的地理位置信息。

5.3.1 应用隐私保护机制

在用户允许的情况下，其他用户可以获取用户的位置信息。在访问 HTML5 Geolocation API 的页面时，会触发隐私保护机制。例如，在 Firefox 浏览器中执行 HTML5 Geolocation 代码时就会触发这一隐私保护机制。当代码执行时，网页中将会弹出一个是否确认分享用户方位信息的对话框，只有当用户单击"共享位置信息"按钮时，才会获取用户的位置信息。

5.3.2 处理位置信息

用户的信息通常属于敏感信息，因此在接收到之后，必须小心地进行处理和存储。如果用户没有授权存储这些信息，那么应用程序在得到这些信息之后应该立即删除。

在手机地理定位数据时，应用程序应该着重提示用户以下几个方面的内容。

- 掌握收集位置数据的方法。
- 了解收集位置数据的原因。
- 知道位置信息能够保存多久。
- 保证用户位置信息的安全。
- 掌握位置数据共享的方法。

5.4 使用 GeolocationAPI

Geolocation API 用于将用户当前位置信息共享给信任的站点，这涉及用户的隐私安全问题，所以当一个站点需要获取用户的当前位置时，浏览器会提示"允许"或者"拒绝"。本节详细讲解 Geolocation API 的使用方法。

5.4.1 检测浏览器是否支持

在做开发之前需要知道浏览器是否支持所要完成的工作，当浏览器不支持时也好提前准备一些替代方案。

小试身手——检测浏览器的支持情况

下面的代码用于检测浏览器是否支持 GeolocationAPI：

```
<!DOCTYPE html>
<html lang="en">
<head>
<meta charset="UTF-8">
<title>Document</title>
<script>
window.onload = function(){
show();
function show(){
if(navigator.geolocation){
document.getElementById("text").innerHTML = " 您的浏览器支持 HTML5Geolocation ！ ";
}else{
document.getElementById("text").innerHTML = " 您的浏览器不支持 HTML5Geolocation ！ ";
}
}
}
</script>
</head>
<body>
<h1 id="text"></h1>
</body>
</html>
```

只需要这么一个小小的函数即可检测到浏览器是否支持 HTML5 Geolocation 了。代码的运行效果如图 5-3 所示。

图 5-3

■ 5.4.2 位置请求

定位功能（Geolocation）是 HTML5 的新特性，因此只能在支持 HTML5 的浏览器上运行。

首先要检测用户设备浏览器是否支持地理定位，如果支持则获取地理信息。注意这个特性可能侵犯用户的隐私，除非用户同意，否则用户位置信息是不可用的，所以在访问该应用时会提示是否允许地理定位，选择允许即可。

小试身手——位置请求设置

实现位置请求的代码如下：

```
function getLocation(){
if (navigator.geolocation){
navigator.geolocation.getCurrentPosition(showPosition,showError);
}else{
alert(" 浏览器不支持地理定位。");
}
}
```

上段代码表示：如果用户设备支持地理定位，则运行 getCurrentPosition()。如果 getCurrentPosition() 运行成功，则向参数 showPosition 中规定的函数返回一个 coordinates 对象，getCurrentPosition() 方法的第二个参数 showError 用于处理错误，它规定当获取用户位置失败时运行的函数。

先来看函数 showError()，它规定获取用户地理位置失败时的一些错误代码处理方式。

代码如下：

```
function showError(error){
switch(error.code) {
```

```
case error.PERMISSION_DENIED:
alert(" 定位失败，用户拒绝请求地理定位 ");
break;
case error.POSITION_UNAVAILABLE:
alert(" 定位失败，位置信息是不可用 ");
break;
case error.TIMEOUT:
alert(" 定位失败，请求获取用户位置超时 ");
break;
case error.UNKNOWN_ERROR:
alert(" 定位失败，定位系统失效 ");
break;
}
}
```

再来看函数 showPosition()，调用 coords 的 latitude 和 longitude 即可获取到用户的纬度和经度。

代码如下：

```
function showPosition(position){
var lat = position.coords.latitude; // 纬度
var lag = position.coords.longitude; // 经度
alert(' 纬度 :'+lat+', 经度 :'+lag);
}
```

上面了解了 HTML5 的 Geolocation 可以获取用户的经纬度，那么用户要做的是需要把抽象的经纬度转化成可读的有意义的真正的用户地理位置信息。只需要将 HTML5 获取到的经纬度信息传给地图接口，则会返回用户所在的地理位置，包括省市区信息，甚至有街道、门牌号等详细的地理位置信息。

在页面定义要展示地理位置的 div，分别定义 id#baidu_geo 和 id#google_geo。修改关键函数 showPosition()。先来看百度地图接口交互，将经纬度信息通过 Ajax 方式发送给百度地图接口，接口会返回相应的省市区街道信息。百度地图接口返回的是一串 JSON 数据，可以根据需求将需要的信息展示给 div#baidu_geo。注意这里用到了 jQuery 库，需要先加载 jQuery 库文件。

利用百度地图接口获取用户地址的代码如下：

```
function showPosition(position){
var latlon = position.coords.latitude+','+position.coords.longitude;
//baidu
var url =
"http://api.map.baidu.com/geocoder/v2/?ak=C93b5178d7a8ebdb830b9b557abce78b&callback=renderReverse&location="+latlon+"&output=json&pois=0";
$.ajax({
type: "GET",
dataType: "jsonp",
url: url,
beforeSend: function(){
```

```
$("#baidu_geo").html(' 正在定位 ...');
},
success: function (json) {
if(json.status==0){
$("#baidu_geo").html(json.result.formatted_address);
}
},
error: function (XMLHttpRequest, textStatus, errorThrown) {
$("#baidu_geo").html(latlon+" 地址位置获取失败 ");
}
});
});
```

　　再来看谷歌地图接口交互。同样将经纬度信息通过 Ajax 方式发送给谷歌地图接口，接口会返回相应的省市区街道详细信息。谷歌地图接口返回的也是一串 JSON 数据，这些 JSON 数据比百度地图接口返回的要更详细，可以根据需求将需要的信息展示给 div#google_geo。

　　利用谷歌地图接口获取用户地址代码如下：

```
function showPosition(position){
var latlon = position.coords.latitude+','+position.coords.longitude;
//google
var url = 'http://maps.google.cn/maps/api/geocode/json?latlng='+latlon+'&language=CN';
$.ajax({
type: "GET",
url: url,
beforeSend: function(){
$("#google_geo").html(' 正在定位 ...');
},
success: function (json) {
if(json.status=='OK'){
var results = json.results;
$.each(results,function(index,array){
if(index==0){
$("#google_geo").html(array['formatted_address']);
}
});
}
},
error: function (XMLHttpRequest, textStatus, errorThrown) {
$("#google_geo").html(latlon+" 地址位置获取失败 ");
}
});
}
```

　　以上的代码分别将百度地图接口和谷歌地图接口整合到函数 showPosition() 中，可以根据实际情况进行调用。当然这只是一个简单的应用，可以根据这个简单的示例开发出很多复杂的应用。

5.5　在地图上显示你的位置

到目前为止，本章所介绍的 geolocation 并没有什么令人激动的应用。这一小节的例子将演示如何使用 Google Maps API。对个人和网站而言，Google 的地图服务是免费的。使用 Google 地图可以轻而易举地在网站中加入地图功能。

像其他技术一样，Google 为地图服务提供了优秀的文档和教程。

要在 Web 页面上创建一个简单地图，开发人员需要执行以下几个步骤的操作。

首先，在 Web 页面上创建一个名为 map 的 div，并将其设置为相应的样式。

其次，将 Google Maps API 添加到项目之中。Google Maps API 将为 Web 页面加载使用到的 Map code。它还会告知 Google 当前所使用的设备是否具有一个 GPS 传感器。下面的代码片段显示了某设备如何加载一个没有 GPS 传感器的 Map code。若设备具有 GPS 传感器，则将参数 sensor 的值从 false 修改为 true。

```
<script src="http://maps.googleapis.com/maps/api/js?sensor=false"></script>
```

在加载了 API 之后，就可以开始创建自己的地图。在 showPosition 函数之中，创建一个 google.maps.LatLng 类的实例，并将其保存在名为 position 的变量之中。在该 google.maps.LatLng 类的构造函数之中，传入纬度值和经度值。下面的代码片段演示了如何创建一张地图：

```
var position = new google.maps.LatLng(latitude, longitude);
```

接下来还需要设置地图的选项。可设置很多选项，包括以下 3 个基本选项。

- 缩放 (zoom) 级别：取值范围 0~20。值为 0 的视图是从卫星角度拍摄的基本视图，20 则是最大的放大倍数。
- 地图的中心位置：这是一个表示地图中心点的 LatLng 变量。
- 地图样式：该值可以改变地图显示的方式。

表 5-1 详细地列出了可选的值。读者可以自行试验不同的地图样式。

表 5-1

地图样式	描　述
google.maps.MapTypeId.SATELLITE	显示使用卫星照片的地图
google.maps.MapTypeId.ROAD	显示公路路线图
google.maps.MapTypeId.HYBRID	显示卫星地图和公路路线图的叠加
google.maps.MapTypeId.TERRAIN	显示公路名称和地势

小试身手——在地图上找到你的位置

下面的代码片段演示了如何设置地图选项。

```
varmyOptions = {
zoom: 18,
center: position,
mapTypeId: google.maps.MapTypeId.HYBRID
};
```

最后一个步骤是实际地绘制地图。根据纬度和经度信息，可以将地图绘制在 getElementById 方法所取得的 div 对象上。下列代码显示了绘制地图的代码，为简洁起见，移除了错误处理代码。

代码如下：

```
<!doctype html>
<html lang="en">
<head>
<meta charset="utf-8">
<title> 地理定位 </title>
<style>
#map{
width:600px;
height:600px;
Border:2px solid red;
}
</style>
<script type="text/javascript" src="http://maps.googleapis.com/maps/api/js?sensor=false">
</script>
<script>
function findYou(){
if(!navigator.geolocation.getCurrentPosition(showPosition,
noLocation, {maximumAge : 1200000, timeout : 30000})){
document.getElementById("lat").innerHTML=
"This browser does not support geolocation.";
}
}
function showPosition(location){
var latitude = location.coords.latitude;
var longitude = location.coords.longitude;
var accuracy = location.coords.accuracy;
// 创建地图
var position = new google.maps.LatLng(latitude, longitude);
// 创建地图选项
var myOptions = {
zoom: 18,
center: position,
mapTypeId: google.maps.MapTypeId.HYBRID
};
// 显示地图
var map = new google.maps.Map(document.getElementById("map"),
myOptions);
document.getElementById("lat").innerHTML=
"Your latitude is " + latitude;
document.getElementById("lon").innerHTML=
"Your longitude is " + longitude;
document.getElementById("acc").innerHTML=
"Accurate within " + accuracy + " meters";
```

```
    }
    function noLocation(locationError)
    {
    var errorMessage = document.getElementById("lat");
    switch(locationError.code)
    {
    case locationError.PERMISSION_DENIED:
    errorMessage.innerHTML=
    "You have denied my request for your location.";
    break;
    case locationError.POSITION_UNAVAILABLE:
    errorMessage.innerHTML=
    "Your position is not available at this time.";
    break;
    case locationError.TIMEOUT:
    errorMessage.innerHTML=
    "My request for your location took too long.";
    break;
    default:
    errorMessage.innerHTML=
    "An unexpected error occurred.";
    }
    }
    findYou();
    </script>
    </head>
    <body>
    <h1> 找到你啦！ </h1>
    <p id="lat"> </p>
    <p id="lon"> </p>
    <p id="acc"> </p>
    <div id="map">
    </div>
    </body>
    </html>
```

　　HTML5 允许开发人员创建具有地理位置感知功能的 Web 页面。使用 navigator.geoloçation 新功能，就可以快速地获取用户的地理位置。例如，使用 getCurrentPosition 方法就可以获得终端用户的纬度和经度。

　　跟踪用户所在的地理位置肯定会带来一些对隐私的担忧，因此 geolocation 技术完全取决于用户是否允许共享自己的地理位置信息。在未经用户明确许可的情况下，HTML5 不会跟踪用户的地理位置。

　　尽管 HTML5 的 Geolocation API 对于确定地理位置非常有用，但在页面中添加 Google Maps API 可以使该 geolocation 技术更贴近生活。只要数行代码，就可以将一个完整的具有交互功能的 Google 地图呈现在 Web 页面一个指定的 div 之中，还可以在地图指定的位置上设置一些图标。

5.6 课堂练习

本小节做一个小练习来巩固之前学习的知识。定位自己所在的城市，如图 5-4 所示。

图 5-4

如图 5-4 所示的操作的代码如下：

```
<html>
<head>
    <meta http-equiv="Content-Type" content="text/html; charset=UTF-8">
    <title> 定位所在的城市 </title>
    <meta name="viewport" content="width=device-width,initial-scale=1,
    minimum-scale=1,maximum-scale=1,user-scalable=no">
    <style>
        * {margin: 0; padding: 0; border: 0;}
        body {
            position: absolute;
            width: 100%;
            height: 100%;
        }
        #geoPage, #markPage {
            position: relative;
        }
    </style>
</head>
<body>
    <!--  通过 iframe 嵌入前端定位组件，此处没有隐藏定位组件，使用了定位组件的在定位
中视觉特效   -->
    <iframe id="geoPage" width="100%" height="30%" frameborder=0 scrolling="no"
src="https://apis.map.qq.com/tools/geolocation?key=OB4BZ-D4W3U-B7VVO-4PJWW-6TKDJ-WPB7
```

```
7&referer=myapp&effect=zoom"></iframe>
    <script type="text/JavaScript">
      var loc;
      var isMapInit = false;
      // 监听定位组件的 message 事件
      window.addEventListener('message', function(event) {
          loc = event.data; // 接收位置信息
          console.log('location', loc);
                if(loc   && loc.module == 'geolocation') { // 定位成功，防止其他应用也会
// 向该页面 post 信息，须判断 module 是否为 'geolocation'
                var markUrl = 'https://apis.map.qq.com/tools/poimarker' +
                '?marker=coord:' + loc.lat + ',' + loc.lng +
                ';title: 我的位置 ;addr:' + (loc.addr || loc.city) +
                '&key=OB4BZ-D4W3U-B7VVO-4PJWW-6TKDJ-WPB77&referer=myapp';
                // 给位置展示组件赋值
                document.getElementById('markPage').src = markUrl;
          } else { // 定位组件在定位失败后，也会触发 message, event.data 为 null
              alert(' 定位失败 ');
          }
          /* 另一个使用方式
          if (!isMapInit && !loc) { // 首次定位成功，创建地图
              isMapInit = true;
              createMap(event.data);
          } else if (event.data) { // 地图已经创建，在收到新的位置信息后更新地图中心点
              updateMapCenter(event.data);
          }
          */
      }, false);
      // 为防止定位组件在 message 事件监听前已经触发定位成功事件，在此处显示请求
// 一次位置信息
      document.getElementById("geoPage").contentWindow.postMessage('getLocation', '*');
      // 设置 6s 超时，防止定位组件长时间获取位置信息未响应
      setTimeout(function() {
          if(!loc) {
              // 主动与前端定位组件通信（可选），获取粗糙的 IP 定位结果
              document.getElementById("geoPage")
                .contentWindow.postMessage('getLocation.robust', '*');
          }
      }, 6000); //6s 为推荐值，业务调用方可根据自己的需求设置改时间，不建议太短
    </script>
    <!-- 接收到位置信息后 通过 iframe 嵌入位置标注组件 -->
<iframe id="markPage" width="100%" height="70%" frameborder=0 scrolling="no" src=""></
iframe>
</body>
</html>
```

强化训练

本章主要学习了定位的知识，接着来做一个强化练习让大家记忆更加深刻。根据图 5-5 所示制作出相同的定位。

本章结束语

通过本章的学习相信大家已经对 HTML5 地理定位相关的知识有了深刻的认识，广告商和开发人员会设想出很多办法，

图 5-5

以充分利用用户的地理位置信息。在未来几年，geolocation 技术的应用将会不断增长。所以如何能够更好地使用 HTML5 地理定位还需要大家在以后的工作和学习中逐渐去开发拓展。

操作提示

提示的 js 代码如下：

```javascript
<script type="text/JavaScript">
var geolocation = new qq.maps.Geolocation("OB4BZ-D4W3U-B7VVO-4PJWW-6TKDJ-WPB77", "myapp");
document.getElementById("pos-area").style.height = (document.body.clientHeight - 110) + 'px';
var positionNum = 0;
var options = {timeout: 8000};
function showPosition(position) {
positionNum ++;
document.getElementById("demo").innerHTML += " 序号：" + positionNum;
document.getElementById("demo").appendChild(document.createElement('pre')).innerHTML =    JSON.stringify(position, null, 4);
document.getElementById("pos-area").scrollTop = document.getElementById("pos-area").scrollHeight;
        };
function showErr() {
positionNum ++;
document.getElementById("demo").innerHTML += " 序号：" + positionNum;
document.getElementById("demo").appendChild(document.createElement('p')).innerHTML = " 定位失败！";
document.getElementById("pos-area").scrollTop = document.getElementById("pos-area").scrollHeight;
        };
unction showWatchPosition() {
document.getElementById("demo").innerHTML += " 开始监听位置！ <br /><br />";
geolocation.watchPosition(showPosition);
document.getElementById("pos-area").scrollTop = document.getElementById("pos-area").scrollHeight;
        };
function showClearWatch() {
geolocation.clearWatch();
document.getElementById("demo").innerHTML += " 停止监听位置！ <br /><br />";
document.getElementById("pos-area").scrollTop = document.getElementById("pos-area").scrollHeight;
        };
</script>
```

CHAPTER 06
本地储存和上传

本章概述 SUMMARY

离线 Web 是当前最流行的网络技术之一。在 HTML5 中, 提供了一个供本地缓存使用的 API, 使用这个 API, 可以实现离线 Web 应用程序的开发。Web Workers API 是被广泛应用的网络技术之一。通过 Web Workers, 可以将耗时较长的处理交给后台线程去运行, 从而解决了 HTML5 之前因为某个处理耗时过长而导致用户不得不结束处理进程的尴尬状况。在 HTML5 中提供了直接支持拖放操作的 API, 支持在浏览器与其他应用程序之间的数据的互相拖动。这也是 HTML5 中较为突出一个部分。本章就来一起学习以上几种应用。

■ 学习目标
学会离线 Web 的使用方法。
了解离线 Web 应用的浏览器支持情况。
掌握使用 Web workers API 的方法。
掌握拖放 API 应用的知识。

■ 课时安排
理论知识 1 课时。
上机练习 2 课时。

知识导图:

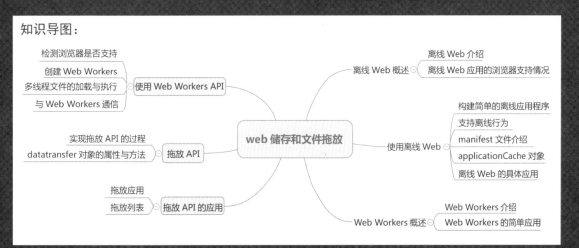

6.1　离线 Web 入门

在 Web 应用中使用缓存的原因之一是为了支持离线应用。在全球互联的时代，离线应用仍有其使用价值。当无法上网时，会考虑到应用离线 Web 来完成工作。本节讲解有关 Web 应用的基础知识。

6.1.1　离线 Web 介绍

在 HTML5 中新增了一个 API，为离线 Web 应用程序的开发提供了可能性。为了让 Web 应用程序在离线状态时也能正常工作，就必须要把所有构成 Web 应用程序的资源文件，如 HTML 文件、CSS 文件、JavaScript 脚本文件等放在本地缓存中，当服务器没有和 Internet 建立连接的时候，也可以利用本地缓存中的资源文件来正常运行 Web 应用程序。

本地缓存是为整个 Web 应用程序服务的，而浏览器的网页缓存只服务于单个网页。任何网页都具有网页缓存，而本地缓存只缓存那些指定缓存的网页。

网页缓存也是不安全、不可靠的，因为不知道在网站中到底缓存了哪些页面，以及缓存了网页上的哪些资源。而本地缓存是可靠的，可以控制对哪些内容进行缓存，不对哪些内容进行缓存。开发人员还可以用编程的手段来控制缓存的更新，利用缓存对象的各种属性、状态和事件来开发出更为强大的离线应用程序。

6.1.2　离线 Web 应用的浏览器支持情况

在 HTML5 中，很多浏览器都支持离线 Web 应用。具体支持离线 Web 应用的浏览器如下。

- Chrome 浏览器，Chrome4.0 以上版本浏览器支持离线 Web 应用。
- Firefox 浏览器，Firefox3.5 以上版本浏览器支持离线 Web 应用。
- Opera 浏览器，Opera10.6 以上版本浏览器支持离线 Web 应用。
- Safrai 浏览器，Safrai4.0 以上版本浏览器支持离线 Web 应用。

由于目前不同的浏览器对于 HTML5 离线 Web 应用的支持程度不一样，所以在使用之前最好是可以对浏览器进行测试。

检测浏览器是否支持的代码如下：

```
if(window.applicationCache){
// 浏览器支持离线应用
alert(" 您的浏览器支持离线应用 ");
}else{
// 浏览器不支持离线应用
alert(" 您的浏览器不支持离线应用 ");
}
```

6.2　使用离线 Web

当打开一个页面，加载完成后突然断网了，刷新页面后内容就没有了，这种感觉肯定很糟。如果刷新页面后还是刚才的页面，在新窗口中重新访问该页面，输入相同的网址，在断网的状态下打开的还是原来的页面，这种感觉肯定是不一样的。下面就带着大家一起来学习离线 Web 的具体使用知识。

6.2.1 支持离线行为

假设要构建一个包含 css，js，html 的单页应用，同时要为这个单页应用添加离线支持。要将描述文件与页面关联起来，需要使用 html 标签的 manifest 特性指定描述文件的路径。

```
<html manifest='./offline.appcche'>
```

开发离线应用的第一步就是检测设备是否离线。

HTML5 新增了 navigator.onLine 属性，当该属性为 true 的时候表示联网；值为 false 的时候，表示离线，检测的代码如下：

```
if(navigator.onLine){
// 联网
}else{
// 离线
}
```

小试身手——演示网页是否在线

下列代码演示了如何查看网页页面状态是否在线：

```
<!DOCTYPE html>
<html lang="en">
<head>
<meta charset="UTF-8">
<title>Document</title>
<script>
function loadState(){
if(navigator.online){
console.log(" 在线 ");
}else{
console.log(" 离线 ");
}
// 添加事件监听器，实时监听
window.addEventListener(" 在线 "function(){
console.log(" 在线 ");
},true);
window.addEventListener(" 离线 "function(){
console.log(" 离线 ");
},true);
}
</script>
</head>
<body>
</body>
</html>
```

■ 6.2.2 manifest 文件介绍

Web 应用程序的本地缓存是通过每个页面的 manifest 文件来管理的。manifest 文件是一个简单文本文件，在该文件中以清单的形式列举了需要被缓存或不需要被缓存的资源文件的文件名称和这些资源文件的访问路径。可以为每一个页面单独指定一个 manifest 文件，也可以对整个 Web 应用程序指定一个总的 manifest 文件。

manifest 文件示例如下：

```
CACHE MANIFEST
# 文件的开头必须书 CACHE MANIFEST
# 该 manifest 文件的版本号
#version 7
CACHE:
other.html
hello.js
images/myphoto.jpg
NETWORK:
http://google.com/xxx
NotOffline.jsp
*
FALLBACK:
online.js locale.js
CACHE:
newhello.html
newhello.js
```

上述代码的解释和延伸如下。

在 manifest 文件中，第一行必须是 CACHE MANIFEST 文字，以把本文件的作用告知给浏览器，即对本地缓存中的资源文件进行具体设置。同时，真正运行或测试离线 Web 应用程序的时候，需要对服务器进行配置，让服务器支持 text/cache-manifest 这个 MIME 类型（在 HTML5 中规定 manifest 文件的 MIME 类型为 text/cache-manifest）。

在 manifest 文件中，可以加上注释来进行一些必要的说明或解释，注释行以 "#" 开始。文件中可以（而且最好）加上版本号，以表示该 manifest 文件的版本。版本号可以是任何形式的，更新文件时一般也会对该版本号进行更新。

指定资源文件，文件路径可以是相对路径，也可以是绝对路径。指定时每个资源文件为一行。在指定资源文件的时候，可以把资源文件分为 3 类，分别是 CACHE、NETWORK 和 FALLBACK。

在 CACHE 类别中指定需要被缓存在本地的资源文件。为某个页面指定需要本地缓存的资源文件时，不需要把这个页面本身指定在 CACHE 类型中，因为如果一个页面具有 manifest 文件，浏览器会自动对这个页面进行本地缓存。

NETWORK 类别为显式指定不进行本地缓存的资源文件，这些资源文件只有当客户端与服务器端建立连接的时候才能访问。该示例中的 "*" 为通配符，表示没有在本 manifest 文件中指定的资源文件都不进行本地缓存。

FALLBACK 类别中指定两个资源文件，第一个资源文件为能够在线访问时使用的资源文件；第二个资源文件为不能在线访问时使用的备用资源文件。

　　每个类别都是可选的。但是如果文件开头没有指定类别而直接书写资源文件的时候，浏览器把这些资源文件视为 CACHE 类别，直到看见文件中第一个被书写出来的类别为止，并且允许在同一个 manifest 文件中重复书写同一类别。

　　为了让浏览器能够正常阅读该文本文件，需要在 Web 应用程序页面上的 html 元素的 manifest 属性中指定 manifest 文件的 URL 地址。指定方法的代码如下：

```
<!-- 可以为每个页面单独指定一个 manifest 文件 -->
<html manifest="hello.manifest">
</html>
<!-- 也可以为整个 Web 应用程序指定一个总的 manifest 文件 -->
<html manifest="global.manifest">
</html>
```

　　通过这些步骤，将资源文件保存到本地缓存区的基本操作就完成了。当要对本地缓存区的内容进行修改时，只要修改 manifest 文件就可以了。文件被修改后，浏览器可以自动检查 manifest 文件，并自动更新本地缓存区中的内容。

6.2.3 applicationCache 对象

　　applicationCache 对象代表本地缓存，可以用它来通知用户本地缓存中已经被更新，也允许用户手工更新本地缓存。在浏览器与服务器的交互过程中，当浏览器对本地缓存进行更新，加入新的资源文件时，会触发 applicationCache 对象的 updateready 事件，通知本地缓存已经被更新。可以利用该事件告诉用户本地缓存已经被更新，用户需要手工刷新页面来得到最新版本的应用程序，代码如下：

```
applicationCache.addEventListener("updateready", function(event) {
// 本地缓存已被更新，通知用户
alert(" 本地缓存已被更新，可以刷新页面来得到本程序的最新版本。");
}, false);
```

　　另外可以通过 applicationCache 对象的 swapCache() 方法来控制如何进行本地缓存的更新及更新的时机。

　　用 swapCache() 方法来控制如何进行本地缓存的更新及更新的时机的介绍如下。

　　该方法用来手工执行本地缓存的更新，它只能在 applicationCache 对象的 updateReady 事件被触发时调用，updateReady 事件只有在服务器上的 manifest 文件被更新，并且把 manifest 文件中所要求的资源文件下载到本地后触发。该事件的含义是"本地缓存准备被更新"。当这个事件被触发后，可以用 swapCache() 方法来手工进行本地缓存的更新。

　　当本地缓存的容量非常大，本地缓存的更新工作将需要相对较长的时间，而且还会把浏览器锁住。这时最好有个提示，告诉用户正在进行本地缓存的更新，代码如下：

```
applicationCache.addEventListener("updateready", function(event) {
// 本地缓存已被更新，通知用户
alert(" 正在更新本地缓存……");
applicationCache.swapCache();
alert(" 本地缓存更新完毕，可以刷新页面使用最新版应用程序。");
}, false);
```

在以上代码中，如果不使用 swapCache() 方法，本地缓存一样会被更新，但是，更新的时候不一样。如果不调用该方法，本地缓存将在下一次打开本页面时被更新；如果调用该方法，则本地缓存将会被立刻更新。因此，可以使用 confirm() 方法让用户选择更新的时机，是立刻更新还是下次打开页面时更新，特别是当用户可能正在页面上执行一个较大的操作的时候。

尽管使用 swapCache() 方法立刻更新了本地缓存，但是并不意味着我们页面上的图像和脚本文件也会被立刻更新，它们都是在重新打开本页面时才会生效。

小试身手——本地缓存

本地缓存的 HTML 页面代码如下：

```
<!DOCTYPE html>
<html manifest="swapCache.manifest">
<head>
<meta charset="UTF-8"/>
<title>swapCache() 方法示例 </title>
<script type="text/javascript" src="js/script.js"></script>
</head>
<body>
<p>swapCache() 方法示例。</p>
</body>
</html>
```

以上页面所使用的脚本文件代码如下：

```
Js 代码
document.addEventListener("load", function(event) {
setInterval(function() {
// 手工检查是否有更新
applicationCache.update();
}, 5000);
applicationCache.addEventListener("updateready", function(event) {
if(confirm(" 本地缓存已被更新，需要刷新页面获取最新版本吗？ ")) {
// 手工更新本地缓存
applicationCache.swapCache();
// 重载页面
location.reload();
}
}, false);
});
```

该页面使用的 manifest 文件内容如下：

```
Txt 代码
CACHE MANIFEST
#version 1.20
CACHE:
script.js
```

■ 6.2.4   离线 Web 的具体应用

离线应用程序缓存功能允许我们指定 Web 应用程序所需的全部资源，这样浏览器就能在加载 HTML 文档时把它们都下载下来。

定义浏览器缓存。

- 启用离线缓存：创建一个清单文件，并在 html 元素的 manifest 属性里引用它。
- 指定离线应用程序里要缓存的资源：在清单文件的顶部或者 CACHE 区域里列出资源。
- 指定资源不可用时要显示的备用内容：在清单文件的 FALLBACK 区域里列出内容。
- 指向始终向服务器请求的资源：在清单文件的 BETWORK 区域里列出内容。

小试身手——离线 Web 应用

首先创建 fruit.appcache 的清单文件：

```
CACHE MANIFEST
example.html
banana100.png
FALLBACK:
* 404.html
NETWORK:
cherries100.png
CACHE:
apple100.png
```

再创建 404.html 文件，用于链接指向的 html 文件不在离线缓存中就可以用它来代替。

离线应用的具体代码如下：

```
<!DOCTYPE HTML>
<html manifest="fruit.appcache">
<head>
<title>Offline</title>
</head>
<body>
<h1> 您要的页面找不到了！ </h1>
可以帮助你了！
</body>
</html>
```

最后创建需要启用离线缓存的 html 文件。

```
<!DOCTYPE HTML>
<html manifest="fruit.appcache">
<head>
<title>Example</title>
```

```
<style>
img {border: medium double black; padding: 5px; margin: 5px;}
</style>
</head>
<body>
<img id="imgtarget" src="banana100.png"/>
<div>
<button id="banana">Banana</button>
<button id="apple">Apple</button>
<button id="cherries">Cherries</button>
</div>
<a href="otherpage.html">Link to another page</a>
<script>
var buttons = document.getElementsByTagName("button");
for (var i = 0; i < buttons.length; i++) {
buttons[i].onclick = handleButtonPress;
}
function handleButtonPress(e) {
document.getElementById("imgtarget").src = e.target.id + "100.png";
}
</script>
</body>
</html>
```

6.3　Web Workers 知识

Web Workers 是一种机制，从一个 Web 应用的主执行线程中分离出一个后台线程，在这个后台线程中运行脚本操作。这个机制的优势是耗时的处理可以在一个单独的线程中来执行，与此同时，主线程（通常是 UI）可以在毫不堵塞的情况下运行。

■ 6.3.1　什么是 Web Workers

一个 Worker 是一个使用构造函数（例如：Worker()）来创建的对象，在一个命名的 JS 文件里面运行，这个文件包含了在 worker 线程中运行的代码。Workers 不同于现在的 window，是在另一个全局上下文中运行的。在专用的 Workers 例子中，是由 DedicatedWorkerGlobalScope 对象代表了这个上下文环境（标准 Workers 是由单个脚本使用的；共享 Workers 使用的是 SharedWorkerGlobalScope）。

在 Worker 线程里面，可以运行任何代码，当然也有一些例外。例如，不能直接操作在 Worker 里面的 DOM，也不能使用 window 对象的一些默认方法和属性。但是，可以使用 window 下许多可用的项目，包括 WebSockets，类似 IndexedDB 和 Firefox OS 独有的 Data Store API 这样的数据存储机制。

在 HTML5 中，创建后台的线程的步骤十分简单，只需要在 Worker 类的构造器中将需要在后台线程中执行主脚本文件的 URL 地址作为参数。然后创建 Worker 对象就可以了，代码如下：

```
var Worker = Worker("Worker.js");
```

在后台线程中是不能访问页面或窗口对象的。如果在后台线程的脚本文件中是用到 window 对象或 document 对象，则会引起错误的发生。

使用 Worker 对象的 Message 方法来对后台线程发送消息，代码如下：

```
Worker.postMessage(message);
```

在上述代码中，发送的消息是文本数据，但也可以是任何 javascript 对象（需要通过 JSON 对象的 stingoify 方法将其转换成文本数据）。

另外，同样可以通过获取 Worker 对象的 onmessage 事件句柄及 Worker 对象的 postMessage 方法，在后台线程内部进行消息的接收和发送。

6.3.2　Web Workers 的简单应用

在简单了解了 Web Workers 之后，本节将通过一个实例来讲解 Web Workers 的简单应用。如果想要使用 Web Workers，可以分为以下几个步骤，每个步骤都会为大家详细解析清楚。

1）生成 Worker

创建一个新的 Worker 十分简单。所要做的就是调用 Worker() 构造函数，指定一个要在 Worker 线程内运行脚本的 URI，如果你希望能够收到 Worker 的通知，可以将 Worker 的 onmessage 属性设置成一个特定的事件处理函数。代码如下：

```
var myWorker = new Worker("my_task.js");
myWorker.onmessage = function (oEvent) {
    console.log("Called back by the worker!\n");
};
```

也可以使用 addEventListener()：

```
var myWorker = new Worker("my_task.js");
myWorker.addEventListener("message", function (oEvent) {
    console.log("Called back by the worker!\n");
}, false);
myWorker.postMessage(""); // 启动 worker
```

上述代码的解释如下。

第一行创建了一个新的 worker 线程。

第二行为 worker 设置了 message 事件的监听函数。当 worker 调用自己的 postMessage() 函数时就会调用这个事件处理函数。

第五行启动了 worker 线程。

2）传递数据

在主页面与 worker 之间传递的数据是通过拷贝，而不是共享来完成的。传递给 worker 的对象需要经过序列化，接下来在另一端还需要反序列化。页面与 worker 不会共享同一个实例，最终的结果就是在每次通信结束时生成数据的一个副本。大部分浏览器使用结构化拷贝来实现该特性。

创建一个名为 emulateMessage() 的函数，它将模拟在从 worker 到主页面 (反之亦然) 的通信过程中，变量的 "拷贝而非共享" 行为， "拷贝而非共享" 的值称为消息。

emulateMessage() 的函数使用代码如下：

```
function emulateMessage (vVal) {
    return eval("(" + JSON.stringify(vVal) + ")");
}
// Tests
// test #1
var example1 = new Number(3);
alert(typeof example1); // object
alert(typeof emulateMessage(example1)); // number

// test #2
var example2 = true;
alert(typeof example2); // boolean
alert(typeof emulateMessage(example2)); // boolean

// test #3
var example3 = new String("Hello World");
alert(typeof example3); // object
alert(typeof emulateMessage(example3)); // string

// test #4
var example4 = {
"name": "John Smith",
"age": 43
};
alert(typeof example4); // object
alert(typeof emulateMessage(example4)); // object

// test #5
function Animal (sType, nAge) {
this.type = sType;
this.age = nAge;
}
var example5 = new Animal("Cat", 3);
alert(example5.constructor); // Animal
alert(emulateMessage(example5).constructor); // Object
```

worker 可以使用 postMessage() 将消息传递给主线程或从主线程传送回来。message 事件的 data 属性就包含了从 worker 传回来的数据。具体的使用代码如下：

```
example.html: ( 主页面 ):
myWorker.onmessage = function (oEvent) {
console.log("Worker said :"+oEvent.data);
};
myWorker.postMessage("ali");
my_task.js (worker):
postMessage("I\' m working before postMessage(\' ali\' ).");
onmessage = function (oEvent) {
postMessage("Hi " + oEvent.data);
};
```

知识拓展

通常来说，后台线程包括 worker 无法操作 DOM。如果后台线程需要修改 DOM，那么它应该将消息发送给它的创建者，让创建者来完成这些操作。

6.4 使用 Web Workers API

想要使用 Web Workers，就需要了解它的浏览器支持情况，在 HTML5 中，Web Workers 已经得到了很多浏览器的支持。具体支持 Web Workers 的浏览器有以下几个。

- Chrome3.0 及以上的浏览器。
- Firefox3.5 及以上的浏览器。
- Opera10.6 及以上的浏览器。
- Safrai4.0 及以上的浏览器。
- IE10 及以上的浏览器。

6.4.1 检测浏览器是否支持

在使用 Web Workers API 函数之前，首先我们要确认浏览器是否支持 Web Workers。如果不支持，可以提供一些备用信息，提醒用户使用最新的浏览器。下面通过一个实例来讲解如何检查用户的浏览器是否支持 Web Workers。

小试身手——检测浏览器是否支持 Web Workers API

检测浏览器是否支持的代码如下：

```
<!DOCTYPE html>
<html lang="en">
<head>
<meta charset="UTF-8">
<title>Document</title>
<script>
window.onload = function(){
var sup = document.getElementById("support");
if(typeof Worker!=="undefined"){
sup.innerHTML = " 您的浏览器支持 Web Workers";
}else{
sup.innerHTML = " 您的浏览器不支持 Web Workers";
}
}
</script>
</head>
<body>
<h1> 检测您的浏览器是否支持 Web Workers</h1>
<p id="support"></p>
</body>
</html>
```

代码的运行效果如图 6-1 所示。

图 6-1

可以看到浏览器是支持 Web Workers 的。

6.4.2　创建 Web Workers

在 HTML5 中，Web Workers 初始化时会接收一个 javascript 文件的 URL 地址，其中包含了 Worker 执行的代码。下面的代码会设置事件监听器，并与商城 Worker 的容器进行通信，创建 Web Workers。Javascript 文件的 URL 可以是相对路径或者绝对路径，只需要同源（相同的协议，主机和端口）即可，示例代码如下：

```
var Worker = Worker("echo Worker.js");
```

6.4.3　多线程文件的加载与执行

对多个 javascript 文件组成的应用程序来说，可以通过包含 script 元素的方式，在页面加载时同步加载 javascript 文件。然而，由于 Web Workers 没有访问 document 对象的权限，所以在 Worker 中必须使用另外一种方法导入其他的 javascript 文件，代码如下：

```
importScripts("helper.js");
```

导入的 javascript 文件只会在某一个已有的 Worker 中加载并执行。多个脚本的导入同样也可以使用 importScripts 函数，它们会按顺序执行。

6.4.4　与 Web Workers 通信

Web Worker 生成以后，就可以使用 postMessage API 传送和接收数据了。postMessage 还支持跨框架和跨窗口通信。下面通过一个实例来讲解如何使用 postMessage 与 Web Workers 通信。

小试身手——Web Workers 通信

webworkers.html 文件代码如下：

```
<!DOCTYPE html>
<html>
<head>
<meta charset="UTF-8">
<title>web worker</title>
</head>
<body>
<p> 计数 :<output id="result"></output></p>
<button onclick="startr()"> 开始 worker</button>
<button onclick="end()"> 停止 worker</button>
<script type="text/javascript">
var w;
function start(){
if(typeof(Worker)!="undefined"){
if(typeof(w)=="undefined"){
w = new Worker("webworker.js");
}
//onmessage 是 Worker 对象的 properties
w.onmessage = function(event){// 事件处理函数，用来处理后端的 web worker 传递过来的消息
document.getElementById("result").innerHTML=event.data;
};
    }else{
document.getElementById("result").innerHTML="sorry,your browser does not support web
workers";
}
}
function end(){
w.terminate();// 利用 Worker 对象的 terminated 方法，终止
w=undefined;
}
</script>
</body>
</html>
```

在后台运行的 web worker js 文件，webworker.js 代码如下：

```
var i = 0;
function timer(){
i = i + 1;
postMessage(i);
setTimeout("timer()",1000);
}
timer();
```

这样就已经完成了这个通信的实例了，在这里让运行在后台的 webworker.js 文件每 0.5
秒数字都会 +1。

代码的运行效果如图 6-2 所示。

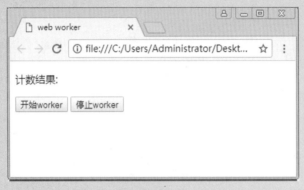

图 6-2

6.5 拖放 API

虽然 HTML5 之前已经可以使用 mousedown、mousemove 和 mouseup 等来实现拖放操作，但是只支持在浏览器内部的拖放。而在 HTML5 中，已经支持在浏览器与其他应用程序之间的数据的互相拖动，同时也大大简化了有关拖放的代码。

■ 6.5.1 实现拖放 API 的过程

在 HTML5 中要想实现拖放操作，至少需要经过如下两个步骤。

01 把要拖放的对象元素的 draggable 属性设置为 true(draggable="true")。这样才能将该元素进行拖放。另外，img 元素与 a 元素 (必须制定 href) 默认允许拖放。例如：

```
<div draggable="true"> 可以对我进行拖曳！ </div>
```

02 编写与拖放有关的事件处理代码。

下面是与拖放有关的几个事件。

- ondragstart 事件：当拖曳元素开始被拖曳时触发的事件，此事件作用在被拖曳的元素上。
- ondragenter 事件：当拖曳元素进入目标元素时触发的事件，此事件用在目标元素上。
- ondragover 事件：当拖曳元素在目标元素上移动时触发的事件，此事件用在目标元素上。
- ondrop 事件：当被拖曳元素在目标上同时释放鼠标时触发的事件，此事件作用在目标元素上。
- ondragend 事件：当拖曳完成后触发的事件，此事件作用在被拖曳元素上。

■ 6.5.2 datatransfer 对象的属性与方法

HTML5 支持拖曳数据储存，主要使用 dataTransfer 接口，作用于元素的拖曳基础上。

dataTransfer 对象包含以下几个属性和方法。

- dataTransfer.dropEffect[=value]：返回已选择的拖放效果，如果该操作效果与最初设置的 effectAllowed 效果不符，则拖曳操作失败。可以设置修改，包含这几个值：none、copy、link 和 move。
- dataTransfer.effectAllowed[=value]：返回允许执行的拖曳操作效果，可以设置修改，包含这几个值：none、copy、copyLink、copyMove、link、linkMove、move、all 和 uninitialized。
- dataTransfer.types：返回在 dragstart 事件触发时为元素存储数据的格式，如果是外部文件的拖曳，则返回 "files"。
- dataTransfer.clearData([format,data])：删除指定格式的数据，如果未指定格式，则删除当前元素的所有携带数据。
- dataTransfer.setData(format,data)：为元素添加指定数据。
- dataTransfer.getData(format)：返回指定数据，如果数据不存在，则返回空字符串。
- dataTransfer.files：如果是拖曳文件，则返回正在拖曳的文件列表 FileList。
- dataTransfer setDragimage(element,x,y)：指定拖曳元素时跟随鼠标移动的图片，x 和 y 分别是相对于鼠标的坐标。
- dataTransfer.addElement(element)：添加一起跟随拖曳的元素，如果想让某个元素跟随被拖曳元素一同被拖曳，则使用此方法。

6.6 拖放 API 的应用

文件的拖放在网页中应用很广，那么我们该怎么去完成这些不同类型的拖放文件呢？接下来我们根据两个示例来介绍拖放的具体应用。

6.6.1 拖放应用

下面讲解一个简单的拖放案例，首先打开 sublime，创建一个 html 文档，标题为 " 我的第一个拖曳练习 "。接下来创建两个 div 方块区域，分别给上 id 为 d1 和 d2，其中 d2 为我们将来要进行拖曳操作的 div，所以要给上属性 draggable，值为 true。

小试身手——拖放的实际应用

拖放的实际操作的代码如下：

```
div id="d1"></div>
<div id="d2" draggable="true"> 请拖曳我 </div>
```

样式的部分也很简单，d1 作为投放区域，面积可以大一些，d2 作为拖曳区域，面积小一些，为了更好地区分它们还把其边框颜色给改变了

style 代码如下：

```
*{margin:0;padding:0;}
#d1{width: 500px;
height: 500px;
border:blue 2px solid;
}
#d2{width: 200px;
height: 200px;
border: red so lid 2px;
}
```

通过 javascript 来操作我们的拖放 API 的部分，需要在页面中获取元素，分别获取到 d1 和 d2（d1 为投放区域，d2 为拖曳区域）。

Script 代码如下：

```
var d1 = document.getElementById("d1");
var d2 = document.getElementById("d2");
```

接着我们为拖曳区域绑定事件，分别为开始拖动和结束拖动，并让它们在 d1 里面反馈出来。代码如下：

```
d2.ondragstart = function(){
d1.innerHTML = " 开始！ ";
}
d2.ondragend = function(){
d1.innerHTML += " 结束！ ";
}
```

拖曳区域的事件写完之后已经可以看见页面上可以拖动我们的 d2 区域，并且也能在 d1 里面看见页面给的反馈，但是现在还并不能把 d2 放入到 d1 中去。为此，还需要为投放区分别绑定一系列事件，同样也是为了能够及时看见页面给的反馈，接着在 d1 里面写入一些文字。代码如下：

```
d1.ondragenter = function (e){
d1.innerHTML += " 进入 ";
e.preventDefault();
}
d1.ondragover = function(e){
e.preventDefault();
}
d1.ondragleave = function(e){
d1.innerHTML += " 离开 ";
e.preventDefault();
}
d1.ondrop = function(e){
// alert(" 成功！ ");
e.preventDefault();
d1.appendChild(d2);
}
```

dragenter 和 dragover 可能会受到浏览器默认事件的影响，所以在这两个事件当中使用"e.preventDefault();"来阻止浏览器默认事件。

到这里已经实现了这个简单的拖曳小案例了，如果还需要再深入点地来完善这个案例的话，还可以为这个拖曳事件添加一些数据进去。例如，可以在拖曳事件一开始的时候就把数据添加进去。代码如下：

```
d2.ondragstart = function(e){
e.dataTransfer.setData("myFirst"," 我的第一个拖曳小案例！ ");
d1.innerHTML = " 开始！ ";
}
```

数据 myFirst 就已经放进拖曳事件中了，可以在拖曳事件结束之后再把数据给读取出来。代码如下：

```
d1.ondrop = function(e){
// alert(" 成功！ ");
e.preventDefault();
alert(e.dataTransfer.getData("myFirst"));
d1.appendChild(d2);
}
```

拖曳动作进行前如图 6-3 所示。

拖曳动作进行后如图 6-4 所示。

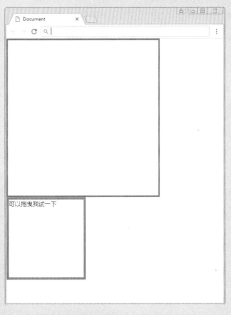

图 6-3

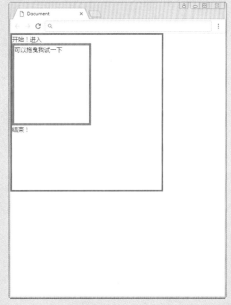

图 6-4

6.6.2　拖放列表

想要实现在页面中有两块区域，两块区域里面可能会有一些子元素，通过鼠标的拖曳让这些子元素在两个父元素里面来回交换。那么这样的效果应该怎么去做呢？

打开 sublime，新建一个 html 文档，命名为拖放列表。在页面中我们需要两个 div 作为容器，用来存放一些小块的 span。

小试身手——列表的拖放

列表的拖放操作代码如下：

```
<div id="content"></div>
<div id="content2">
<span>item1</span>
<span>item2</span>
<span>item3</span>
<span>item4</span>
</div>
```

接着为文档中的这些元素描上样式，为了区分两个 div 分别为两个 div 描上不同的边框颜色。
CSS 代码如下：

```
*{margin:0;padding:0;}
#content{
margin:20px auto;
width: 300px;
height: 300px;
border:2px red solid;
}
#content span{
display:block;
width: 260px;
height: 50px;
margin:20px;
background:#ccc;
text-align:center;
line-height:50px;
font-size:20px;
}
#content2{
margin:0 auto;
width: 300px;
height: 300px;
border:2px solid blue;
list-style:none;
}
#content2 span{
display:block;
width: 260px;
height: 50px;
margin:20px;
background:#ccc;
text-align:center;
line-height:50px;
font-size:20px;
}
```

　　一切就绪，开始为这些元素执行拖放操作。因为在开发的时候不一定知道 div 中有多少个 span 子元素，所以一般不会直接在 html 页面中的 span 元素里面添加 draggable 属性，而是通过 JS 动态地为每个 span 元素添加 draggable 属性。

　　JS 代码如下：

```
var cont = document.getElementById("content");
var cont2 = document.getElementById("content2");
var aSpan = document.getElementsByTagName("span");
for(var i=0;i<aSpan.length;i++){
aSpan[i].draggable = true;
aSpan[i].flag = false;
aSpan[i].ondragstart = function(){
this.flag = true;
}
aSpan[i].ondragend = function(){
this.flag = false;
}
}
```

　　拖曳区域的事件写完了，这里特别要注意的是为每个 span 除了添加 draggable 属性之外还添加自定义属性 flag，这个 flag 属性在后面的代码中会有大作用。

　　下面就是投放区域的事件了，至于需要做的上一小节中已经介绍过了，这里就不再赘述了。

　　代码如下：

```
cont.ondragenter = function(e){
e.preventDefault();
}
cont.ondragover = function(e){
e.preventDefault();
}
cont.ondragleave = function(e){
e.preventDefault();
}
cont.ondrop = function(e){
e.preventDefault();
for(var i=0;i<aSpan.length;i++){
if(aSpan[i].flag){
cont.appendChild(aSpan[i]);
}
}
}
cont2.ondragenter = function(e){
e.preventDefault();
}
cont2.ondragover = function(e){
e.preventDefault();
}
cont2.ondragleave = function(e){
```

```
        e.preventDefault();
        }
        cont2.ondrop = function(e){
        e.preventDefault();
        for(var i=0;i<aSpan.length;i++){
        if(aSpan[i].flag){
        cont2.appendChild(aSpan[i]);
        }
        }
        }
```

到这里的代码就全部完成了，其实原理不复杂，操作也是足够简单，相比较于以前使用纯 javascript 操作来说已经简化很多了。大家也自己动手试试看，一起来实现这样的列表拖放效果吧。

代码的运行效果如图 6-5 所示。

拖曳后的效果如图 6-6 所示。

图 6-5

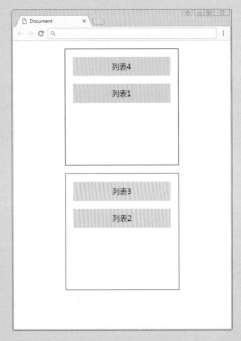

图 6-6

6.7 课堂练习

学习完了本章的知识，为大家准备了一个课堂练习。如图 6-7 所示，把图片拖到下面可以显示出具体的价格和出版的时间。

图 6-7

先来制作整体部分，代码如下：

```
<body onLoad="pageload();">
  <ul>
    <li class="liF">
        <img src="img02.jpg" id="img02"
            alt="32" title="2006 作品 " draggable="true">
    </li>
    <li class="liF">
        <img src="img03.jpg" id="img03"
            alt="36" title="2008 作品 " draggable="true">
    </li>
    <li class="liF">
        <img src="2.jpg" id="img04"
            alt="42" title="2010 作品 " draggable="true">
    </li>
    <li class="liF">
        <img src="1.jpg" id="img05"
            alt="39" title="2011 作品 " draggable="true">
    </li>
  </ul>
  <ul id="ulCart">
    <li class="liT">
        <span> 书名 </span>
        <span> 定价 </span>
        <span> 数量 </span>
        <span> 总价 </span>
    </li>
  </ul>
</body>
```

接下来制作 JS 部分的代码，如下：

```
<script type="text/javascript" language="jscript"
        src="Js/js6.js"/>
                // JavaScript Document
function $$(id) {
    return document.getElementById(id);
}
// 自定义页面加载时调用的函数
function pageload() {
    // 获取全部的图书商品
    var Drag = document.getElementsByTagName("img");
    // 遍历每一个图书商品
    for (var intI = 0; intI < Drag.length; intI++) {
            // 为每一个商品添加被拖放元素的 dragstart 事件
        Drag[intI].addEventListener("dragstart",
        function(e) {
            var objDtf = e.dataTransfer;
            objDtf.setData("text/html", addCart(this.title, this.alt, 1));
        },
        false);
    }
    var Cart = $$("ulCart");
    // 添加目标元素的 drop 事件
    Cart.addEventListener("drop",
    function(e) {
        var objDtf = e.dataTransfer;
        var strHTML = objDtf.getData("text/html");
        Cart.innerHTML += strHTML;
        e.preventDefault();
        e.stopPropagation();
    },
    false);
}
// 添加页面的 dragover 事件
document.ondragover = function(e) {
    // 阻止默认方法，取消拒绝被拖放
    e.preventDefault();
}
// 添加页面 drop 事件
document.ondrop = function(e) {
    // 阻止默认方法，取消拒绝被拖放
    e.preventDefault();
}
// 自定义向购物车中添加记录的函数
function addCart(a, b, c) {
    var strHTML = "<li class='liC'>";
    strHTML += "<span>" + a + "</span>";
    strHTML += "<span>" + b + "</span>";
    strHTML += "<span>" + c + "</span>";
    strHTML += "<span>" + b * c + "</span>";
    strHTML += "</li>";
    return strHTML;
}
</script>
```

强化训练

本章学习了 HTML5 中的重要知识点：文件的拖放。在一个网页中，很多地方会应用到此知识，如一个提交表单会让用户放入证件照片等文件。为了加强印象此练习做一个可以拖曳上传文件的应用效果。最终效果如图 6-8 所示。

图 6-8

操作提示

样式的提示代码如下：

```
<style>
*{
margin:0;
padding:0;
word-wrap: break-word;
font-family:"Hiragino Sans GB","Hiragino Sans GB W3","Microsoft YaHei",
font-style:normal;
font-size:100%;
list-style:none;
}
#uploadbox{
margin:100px auto;
width:800px;
height:150px;
line-height:150px;
text-align:center;
font-size:24px;
color:#999;
border:3px #c0c0c0 dashed;
position:relative;
}
</style>
```

操作提示

Script 提示代码如下：

```
uploadbox.ondrop = function(e)
{
e.preventDefault();
var fd = new FormData();
for(var i = 0, j = e.dataTransfer.files.length; i < j; i++)
{
fd.append("files[]", e.dataTransfer.files[i]);
}
upload(fd);
return false;
};
```

本章结束语

　　本章首先为大家介绍了 HTML5 中离线 Web 应用的相关内容，学习了如何给予 HTML5 离线 Web 应用，接着为大家介绍了 HTML5 中拖放 API，也为大家介绍常用的拖放的属性和方法，关于 Web Workers 的一些更加有趣的用法和深入的探索还需要大家在以后的工作和学习中慢慢去挖掘，相信通过这些案例的练习和讲解，大家一定对这些知识有了更深刻的认识了。

CHAPTER 07
新增的选择器

本章概述 SUMMARY

CSS3 是 CSS 技术的升级版本，CSS3 语言开发是朝着模块化发展的。以前的规范作为一个模块实在是太庞大而且比较复杂，所以，把它分解为一些小的模块，更多新的模块也被加入进来。

■ 学习目标
学会 CSS 的基本语法。
掌握 CSS 的选择器。
了解 CSS3 浏览器的支持情况。
掌握 CSS3 的新增属性和伪类。

■ 课时安排
理论知识 1 课时。
上机练习 1 课时。

知识导图：

7.1 回顾 CSS

CSS 在 2007 年之前在国内多数情况下都是用于纯粹的编写页面样式，而从 2007 年开始国内突然发现国外不少网站都已经摒弃了以前的表格布局而采用 CSS 布局方式。大家都发现这种布局方式要比以前的表格布局更加好看、灵活。

7.1.1 什么是 CSS

CSS 的全称是 Cascading Style Sheet（层叠样式表）的缩写。它是用于控制页面样式与布局并允许样式信息与网页内容相分离的一种标记性语言。

相对于传统的 HTML 表现来说，CSS 能够对网页中对象的位置排版进行精确的控制，支持几乎所有的字体字号样式，拥有对网页中的对象创建盒模型的能力，并且能够进行初步的交互设计，是目前基于文本展示最优秀的表现设计语言。

同样的一个网页，不使用 CSS，页面只剩下内容部分，所有的修饰部分，如字体样式背景和高度等都消失了。可以把 CSS 比喻成身上的衣服和化妆品，HTML 就是人本身；人在没有好衣服、没有精心打扮的时候表现出来的样式可能不是很出彩，但是配上一身裁剪得体的衣服再画上美丽的妆容，即便是普通人也可以像明星一样光彩照人。

7.1.2 CSS 特点及优点

在以前网页内容的排版布局上，如果不是专业人员或特别有耐心的人，很难让网页按照自己的构思与想法来显示信息。即表示掌握了 HTML 语言精髓的人也要通过多次测试，才能驾驭好这些信息的排版。

CSS 样式表就是在这种需求下应运而生的，它首先要做的就是为网页上的元素进行精确定位，轻易地控制文字、图片等元素。

其次，它把网页上的内容结构和表现形式进行相分离的操作。浏览者想要看网页上的内容结构，而为了让浏览者更加轻松和愉快地看到这些信息，就要通过格式来控制。以前两者在网页上分布是交错结合的，查看和修改都非常不方便，而现在把两者分开就会大大地方便网页设计者进行操作。内容结构和表现形式相分离，使得网页可以只由内容结构来构成，而将所有的样式的表现形式保存到某个样式表当中。这样一来好处表现在以下两个方面。

（1）外部 CSS 样式表会被浏览器保存在缓存中，加快了下载显示的速度，同时减少了需要上传的代码量。

（2）当网页样式需要被修改的时候，只需要修改保存着 CSS 代码的样式表即可，不需要改变 HTML 页面的结构就能改变整个网站的表现形式和风格，这在修改数量庞大的站点时显得格外有用和重要。避免了需要一个一个网页地去修改，极大地减少了重复性的劳动。

7.1.3 CSS 的基本语法

CSS 样式表里面用到的许多 CSS 属性都与 HTML 属性类似，所以，假如用户熟悉利用 HTML 进行布局的话，那么在使用 CSS 的时候许多代码就不会陌生。下面我们就一起来看一个具体的实例。

例如，将网页的背景色设置为浅灰色，代码如下：

```
HTML: <body bgcolor="#ccc"></body>
CSS: body{background-color:#ccc;}
```

CSS 语言是由选择器、属性和属性值组成的，其基本语法如下：

选择器 { 属性名 : 属性值 ;} 也就是 selector{properties:value;}

关于 CSS 语法需要注意以下几点。

- 属性和属性值必须写在 {} 中。
- 属性和属性值中间用 ":" 分割开。
- 每写完一个完整的属性和属性值都需要以 ";" 结尾（如果只写了一个属性或者最后一个属性后面可以不写 ";"，但是不建议这么做）。
- CSS 书写属性时，属性与属性之间对空格、换行是不敏感的，允许空格和换行的操作。
- 如果一个属性里面有多个属性值，每个属性值之间需要以空格分割开。

> **知识拓展**
>
> 这里为大家介绍的是选择器、属性和属性值的解释。
>
> 选择器：选择器用来定义 CSS 样式名称，每种选择器都有各自的写法，在后面部分将进行具体介绍。
>
> 属性：属性是 CSS 的重要组成部分。它是修改网页中元素样式的根本，例如我们修改网页中的字体样式、字体颜色、背景颜色、边框线形等，这些都是属性。
>
> 属性值：属性值是 CSS 属性的基础。所有的属性都需要有一个或一个以上的属性值。

7.2 CSS 选择器

在对页面中的元素进行样式修改的时候，需要做的是找到页面中需要修改的元素，然后再对它们进行样式修改的操作。例如，需要修改页面中 <div> 标签的样式就需要在样式表当中先找到需要修改的 <div> 标签。然而如何才能找到这些需要修改的元素呢？这就需要 CSS 中的选择器来完成了。本节带领大家一起回顾 CSS 中的选择器。

7.2.1 三大基础选择器

在 CSS 中选择器可以分为四大种类，分别为 ID 选择器、类选择器、元素选择器和属性选择器，而由这些选择器衍生出来的复合选择器和后代选择器等其实都是这些选择器的扩展应用而已。

1）元素选择器

在页面中有很多元素，这些元素也是构成页面的基础。CSS 元素选择器用来声明页面中哪些元素使用将要适配的 CSS 样式。所以，页面中的每一个元素名都可以成为 CSS

元素选择器的名称。例如，div 选择器就是用来选中页面中所有的 div 元素。同理，还可以对页面中诸如 p、ul、li 等元素进行 CSS 元素选择器的选取，对这些被选中的元素进行 CSS 样式的修改。

小试身手——使用元素选择器

下面介绍元素选择器的使用方法。

代码实例如下：

```
<style>
p{
color:red;
font-size: 20px;
}
ul{
list-style-type:none;
}
a{
text-decoration:none;
}
</style>
```

以上这段 CSS 代码表示的是 HTML 页面中所有的 <p> 标签文字颜色都采用红色，文字大小为 20 像素。所有的 <ul> 无序列表采用没有列表标记风格，而所有的 <a> 则是取消下划线显示。每一个 CSS 选择器都包含了选择器本身、属性名和属性值，其中属性名和属性值均可以同时设置多个，以达到对同一个元素声明多重 CSS 样式风格的目的。

代码运行结果如图 7-1 所示。

图 7-1

2）类选择器

在页面中，可能有一些元素，它们的元素名并不相同，但是，依然需要它们拥有相同的样式。如果使用之前的元素选择器来操作的话就会显得非常烦琐，所以不妨换种思路来考虑这个事情。假如需要对页面中的 <p> 标签、<a> 标签和 <div> 标签使用同一种文字样式，这时，就可以把这 3 个元素看成是同一种类型样式的元素，所以可以对它们进行归类的操作。

在 CSS 中，使用类操作需要在元素内部使用 class 属性，而 class 的值就是为元素定义的"类名"。

小试身手——为一种元素设置样式

为需要的元素添加 class 类名代码如下：

```
<body>
<p class="myTxt"> 我是一行 p 标签文字 </p>
<p class="myTxt"><a class="myTxt" href="#"> 我是 a 标签内部的文字 </a></p>
<div class="myTxt">div 文字也和它们的样式相同 </div>
</body>
```

为当前类添加样式代码如下：

```
<style type="text/css">
.myTxt{
color:red;
font-size: 30px;
text-align: center;
}
</style>
```

以上两段代码分别是为需要改变样式的元素添加 class 类名以及为需要改变的类添加 CSS 样式。这样就可以达到同时为多个不同元素添加相同的 CSS 样式。这里需要注意的是，因为 <a> 标签默认自带下划线，所以在页面中 <a> 标签的内容还是会有下划线存在的。如果想要消除下划线，可以单独为 <a> 标签多添加一个类名出来（一个标签是可以存在多个类名的，类名与类名之间使用空格分隔）。

代码如下：

```
<p class="myTxt"><a class="myTxt myA" href="#"> 我是 a 标签内部的文字 </a></p>
.myA{text-decoration: none;}
```

通过以上的代码就可以实现取消 <a> 标签下划线的目的了，两次代码运行效果如图 7-2 和图 7-3 所示。

图 7-2   图 7-3

3）ID 选择器

前面学习过了元素选择器和类选择器。这两种选择器其实都是对一类元素进行选取和操作。假设需要对页面中众多的 <p> 标签中的某一个进行选取和操作，如果使用类选择器的话同样也可以达到目的。但是类选择器毕竟是对一类或是一群元素进行操作的选择器，很显然单独地为某一个元素使用类选择器显得不是那么合理，所以需要一个独一无二的选择器。ID 选择器就是这样的一个选择器，ID 属性的值是唯一的。

小试身手——单独为元素设置样式

ID 选择器的实际应用代码如下。

HTML 代码：

```
<p> 这是第 1 行文字 </p>
<p id="myTxt"> 这是第 2 行文字 </p>
<p> 这是第 3 行文字 </p>
<p> 这是第 4 行文字 </p>
<p> 这是第 5 行文字 </p>
```

CSS 代码：

```
<style>
#myTxt{
font-size: 30px;
color:red;
}
</style>
```

在第二个 <p> 标签中设置了 id 属性并且也在 CSS 样式表中对 id 进行了样式的设置，我们让 id 属性的值为 myTxt 的元素字体大小为 30 像素，文字颜色为红色。

代码运行效果如图 7-4 所示。

图 7-4

■ 7.2.2 集体选择器

在编写页面时会遇到很多个元素都要采用同一种样式属性的情况，这时把这些样式相同的元素放在一起进行集体声明而不是单个分开来，这样做的好处就是可以极大地简化操作，集体选择器就是为了这种情况而设计的。

小试身手——为所有元素设置相同样式

集体选择器的使用代码如下：

```
<!DOCTYPE html>
<html lang="en">
<head>
<meta charset="UTF-8">
<title> 集体选择器 </title>
<style>
li,.mytxt,span,a{
font-size: 20px;
color:red;
}
</style>
</head>
<body>
<ul>
<li>item1</li>
<li>item2</li>
<li>item3</li>
<li>item4</li>
</ul>
<hr/>
<p> 这是第 1 行文字 </p>
<p class="mytxt"> 这是第 2 行文字 </p>
<p class="mytxt"> 这是第 3 行文字 </p>
<p class="mytxt"> 这是第 4 行文字 </p>
<p> 这是第 5 行文字 </p>
<hr/>
<span> 这是 span 标签内部的文字 </span>
<hr/>
<a href="#"> 这是 a 标签内部的文字 </a>
</body>
</html>
```

集体选择器的语法就是每个选择器之间使用逗号隔开，通过集体选择器可以达到对多个元素进行集体声明的目的，以上代码选中了页面中所有的 <li>、<span>、<a> 以及类名为 mytxt 的元素，并且对这些元素进行了集体的样式编写。

代码运行效果如图 7-5 所示。

图 7-5

■ 7.2.3 属性选择器

CSS 属性选择器可以根据元素的属性和属性值来选择元素。

属性选择器的语法是把需要选择的属性写在一对中括号中，如果想把包含标题（title）的所有元素变为红色，可以写成如下代码：

```
*[title] {color:red;}
```

也可以采取与上面类似的写法，可以只对有 href 属性的锚应用样式：

```
a[href] {color:red;}
```

还可以根据多个属性进行选择，只需要将属性选择器链接在一起即可。

例如，为了将同时有 href 和 title 属性的 HTML 超链接的文本设置为红色，可以这样写：

```
a[href][title] {color:red;}
```

以上都是属性选择器的用法，当然也可以利用以上所学的选择器组合起来，采用带有创造性的方法来使用这个特性。

小试身手——属性选择器的用法

属性选择器的使用方法如下：

```
<!DOCTYPE html>
<html lang="en">
<head>
<meta charset="UTF-8">
<title> 属性选择器 </title>
<style>
img[alt]{
border:3px solid red;
}
img[alt="image"]{
border:3px solid blue;
}
</style>
</head>
<body>
<img src=" meijing.png " alt="" width="300">
<img src=" meijing.png " alt="image" width="300">
<img src=" meijing.png " alt="" width="300">
<img src=" meijing.png " alt="" width="300">
<img src=" meijing.png " alt="" width="300">
<img src=" meijing.png " alt="" width="300">
</body>
</html>
```

上面这段代码设置了所有拥有 alt 属性的 img 标签都有 3 个像素宽度的边框，实线类型并且为红色；但是又对 alt 属性的值为 image 的元素的样式设置了蓝色。

代码运行效果如图 7-6 所示。

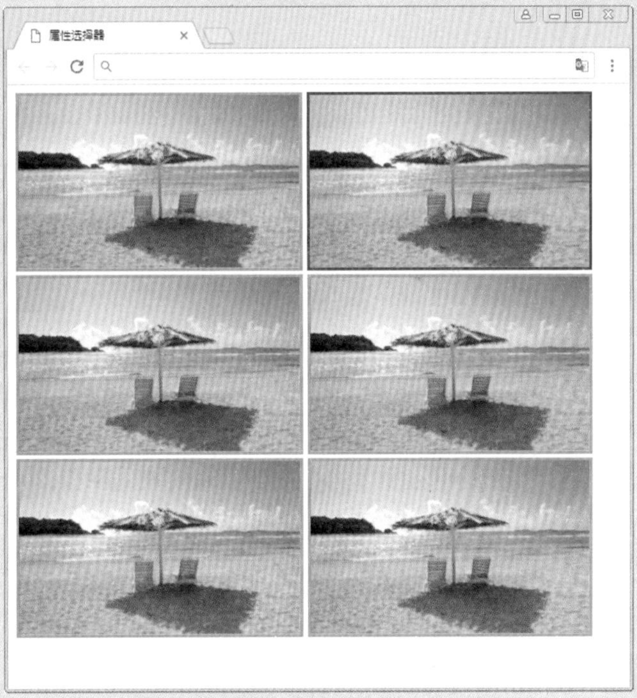

图 7-6

7.3　CSS3 基础知识

CSS 即层叠样式表（Cascading StyleSheet）。在网页制作时采用层叠样式表技术，可以有效地对页面的布局、字体、颜色、背景和其他效果实现更加精确的控制。只要对相应的代码做一些简单的修改，就可以改变同一页面的不同部分，或者页数不同的网页的外观和格式。CSS3 是 CSS 技术的升级版本，CSS3 语言开发是朝着模块化发展的。以前的规范作为一个模块实在是太庞大而且比较复杂，所以，把它分解为一些小的模块，更多新的模块也被加入进来。这些模块包括：盒子模型、列表模块、超链接方式、语言模块、背景和边框 、文字特效、多栏布局等。

CSS3 与之前的版本相比，相同点它们都是网页样式的 code，都是通过对样式表的编辑达到美化页面的效果，它们都是实现页面内容和样式相分离的手段。CSS3 引入了更多的样式选择、更多的选择器，加入了新的页面样式与动画等。

7.3.1　CSS3 浏览器的支持情况

现在基本上各大浏览器厂商已经能够很好地兼容 CSS3 新特性了，当然一些个别的浏览器低版本还是支持不了。

浏览器对 CSS3 的支持大致上可以这么去看，Opera 是对新特性支持度最高的浏览器，其他的四大浏览器厂商的支持情况基本相同。当然，在这里我们还是要提醒大家，我们在选择浏览器的时候还是尽量地使用各大浏览器厂商生产的最新的浏览器，因为一般来说，各大浏览器厂商新版的浏览器对 CSS3 的新特性都已经支持得很多了。

在这里再次提醒大家，大家在选用 IE 浏览器时一定不要选用 IE9 以下的浏览器，因为它们几乎不支持 CSS3 的新特性。

■ 7.3.2 CSS3 新增的长度单位

rem 是 CSS3 中新增的长度单位。看见 rem 相信大家下意识就会想到 em 单位，没错，它们都是表示倍数。那么 rem 到底是什么呢？

rem（font size of the root element）是指相对于根元素的字体大小的单位。简单地说它就是一个相对单位。但是它与 em 单位所不同的是 em（font size of the element）是指相对于父元素的字体大小的单位。它们之间其实很相似，只不过一个计算的规则是依赖根元素，一个是依赖父元素计算。

rem 是一个相对单位，相对于根元素字体大小的单位，再直白点就是相对于 html 元素字体大小的单位。

这样在计算子元素有关的尺寸时，只要根据 html 元素字体大小计算就好。不再像使用 em 时，得来回地找父元素字体大小频繁地计算，根本就离不开计算器。

html 的字体大小设置为 font-size:62.5%。原因：浏览器默认字体大小是 16px，rem 与 px 关系为：1rem = 10px，10/16=0.625=62.5%，为了子元素相关尺寸计算方便，这样写最合适不过了。只要将设计稿中量到的 px 尺寸除以 10 就得到了相应的 rem 尺寸，方便极了。

下面通过一个小案例来带领大家领略一下 rem 的风采。

小试身手——新的尺寸单位

新增的 rem 实际应用代码如下：

```
<!DOCTYPE html>
<html lang="en">
<head>
<meta charset="UTF-8">
<title>Document</title>
<style>
html{font-size: 62.5%;}
p{font-size: 2rem;}
div{font-size: 2em}
</style>
</head>
<body>
<p> 这是 <span>p 标签 </span> 内的文本 </p>
<div> 这是 <span>div 标签 </span> 中的文本 </div>
</body>
</html>
```

代码运行结果如图 7-7 所示。

图 7-7

上述代码现在看起来好像两种单位并没有什么区别，因为在页面中文字大小是完全相同的。如果分别对 p 标签和 div 标签中的 span 元素进行字体大小的设置，我们看看它们会发生什么变化。

代码如下：

```
p span{font-size: 2rem;}
div span{font-size: 2em;}
```

代码运行结果如图 7-8 所示。

图 7-8

这里可以看出，p 标签中的 span 元素采用了 rem 为单位，元素内的文本并没有任何变化，而在 div 中的 span 元素采用了 em 单位，其内的文本大小已经产生了二次计算的结果。这也是在我们写页面时经常会遇到的问题，经常会因为自己的不小心导致文本大小被二次计算，结果就是回头再去改以前的代码，很影响工作效率。

7.3.3　CSS3 新增结构性伪类

在 CSS3 中新增了一些新的伪类，它们的名字叫作结构性伪类。结构性伪类选择器的公共特征是允许开发者根据文档结构来指定元素的样式。下面就为大家一一讲解这些新的结构性伪类。

1）:root

匹配文档的根元素。在 HTML 中，根元素永远是 HTML。

2）E:empty

匹配没有任何子元素（包括 text 节点）的元素 E。

小试身手——指定没有子元素的元素样式

案例代码如下：

```
<!DOCTYPE html>
<html lang="en">
<head>
<meta charset="UTF-8">
<title>Document</title>
<style>
div:empty{
width: 100px;
height: 100px;
background: #f0f000;
}
</style>
</head>
<body>
<div> 我是 div 的子级，我是文本 </div>
<div></div>
<div>
<span> 我是 div 的子级，我是 span 标签 </span>
</div>
</body>
</html>
```

代码运行结果如图 7-9 所示。

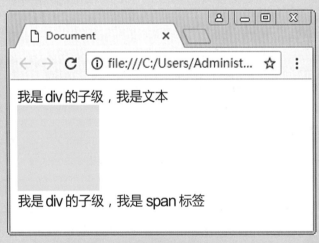

图 7-9

3）E:nth-child(n)

E:nth-child(n) 选择器匹配属于其父元素的第 N 个子元素，不论元素的类型。

n 可以是数字、关键词或公式。

小试身手——选择匹配父元素的第 N 个子元素

案例代码如下：

```
<!DOCTYPE html>
<html lang="en">
<head>
<meta charset="UTF-8">
<title>Document</title>
<style>
ul li:nth-child(3){
color:red;
}
</style>
</head>
<body>
<ul>
<div>items0</div>
<li>items1</li>
<li>items2</li>
<li>items3</li>
<li>items4</li>
</ul>
</body>
</html>
```

代码运行结果如图 7-10 所示。

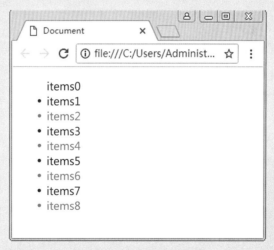

图 7-10

4）nth-of-type(n)

:nth-of-type(n) 选择器匹配属于父元素的特定类型的第 N 个子元素的每个元素。

n 可以是数字、关键词或公式。

这里我们需要注意的是 nth-child 和 nth-of-type 是不同的，前者是不论元素类型的，后者是从选择器的元素类型开始计数。

也就是说，与上面的案例同样一段 HTML 代码，我们使用 :nth-of-type(3) 就会选到 items3 的元素，而不是之前的 items2 的元素。

小试身手——nth-of-type(n) 用法

案例代码如下：

```html
<!DOCTYPE html>
<html lang="en">
<head>
<meta charset="UTF-8">
<title>Document</title>
<style>
ul li:nth-of-type(3){
color:red;
}
</style>
</head>
<body>
<ul>
<div>items0</div>
<li>items1</li>
<li>items2</li>
<li>items3</li>
<li>items4</li>
</ul>
</body>
</html>
```

代码运行结果如图 7-11 所示。

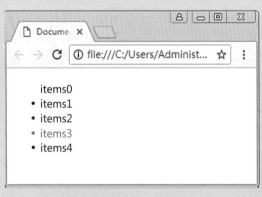

图 7-11

至于括号内的参数 n 的用法与之前的 nth-child 用法相同，这里就不再举例赘述。

5）:last-child

:last-child 选择器匹配属于其父元素的最后一个子元素的每个元素。

6）:nth-last-of-type(n)

:nth-last-of-type(n) 选择器匹配属于父元素的特定类型的第 N 个子元素的每个元素，

从最后一个子元素开始计数。

n 可以是数字、关键词或公式。

7）:nth-last-child(n)

:nth-last-child(n) 选择器匹配属于其元素的第 N 个子元素的每个元素，不论元素的类型，从最后一个子元素开始计数。

n 可以是数字、关键词或公式。

注意：p:last-child 等同于 p:nth-last-child(1)。

8）:only-child

:only-child 选择器匹配属于其父元素的唯一子元素的每个元素。

小试身手——only-child 的用法

案例代码如下：

```html
<!DOCTYPE html>
<html lang="en">
<head>
<meta charset="UTF-8">
<title>Document</title>
<style>
p:only-child{
color:red;
}
span:only-child{
color:green;
}
</style>
</head>
<body>
<div>
<p>items0</p>
</div>
<ul>
<li>items1</li>
<li>items2</li>
<li>items3</li>
<li>items4</li>
<span>items5</span>
</ul>
</body>
</html>
```

代码运行结果如图 7-12 所示。

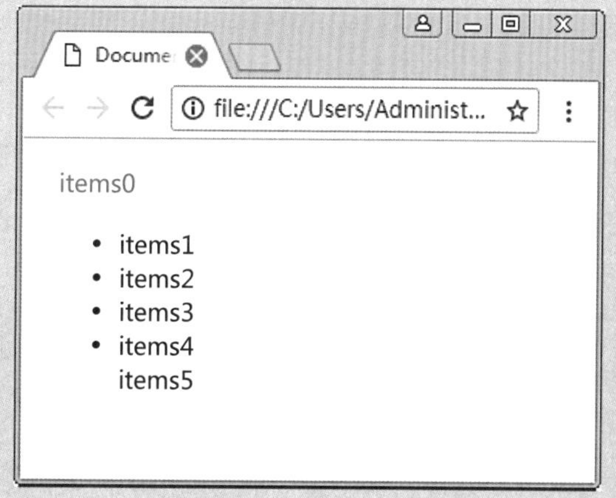

图 7-12

这里我们看见，虽然我们分别对 p 元素和 span 元素设置了文本颜色属性，但是只有 p 元素有效，因为 p 元素是 div 下的唯一子元素。

9）:only-of-type

:only-of-type 选择器匹配属于其父元素的特定类型的唯一子元素的每个元素。

小试身手——only-of-type 的用法

案例代码如下：

```html
<!DOCTYPE html>
<html lang="en">
<head>
<meta charset="UTF-8">
<title>Document</title>
<style>
p:only-of-type{
color:red;
}
span:only-of-type{
color:green;
}
</style>
</head>
<body>
<div>
<p>items0</p>
</div>
<ul>
<li>items1</li>
<li>items2</li>
<li>items3</li>
<li>items4</li>
<span>items5</span>
</ul>
</body>
</html>
```

代码运行结果如图 7-13 所示。

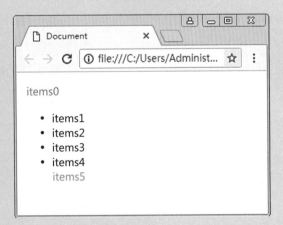

图 7-13

7.3.4　CSS3 新增 UI 元素状态伪类

CSS3 新特性中为我们带来新的 UI 元素状态伪类，这一些伪类为我们的表单元素提供了更多选择。下面就为大家一一讲解。

1）:checked

:checked 选择器匹配每个已被选中的 input 元素（只用于单选按钮和复选框）。

2）:enabled

:enabled 选择器匹配每个已启用的元素（大多用在表单元素上）。

小试身手——enabled 元素状态伪类用法

案例代码如下：

```
<!DOCTYPE html>
<html lang="en">
<meta charset="UTF-8">
<title>Document</title>
<head>
<style>
input:enabled
{
background:#ffff00;
}
input:disabled
{
background:#dddddd;
}
</style>
</head>
<body>
<form action="">
姓名：<input type="text" value="Mickey" /><br>
曾用名：<input type="text" value="Mouse" /><br>
生日：<input type="text" disabled="disabled" value="Disneyland" /><br>
密码：<input type="password" name="password" /><br>
<input type="radio" value="male" name="gender" /> Male<br>
<input type="radio" value="female" name="gender" /> Female<br>
<input type="checkbox" value="Bike" /> I have a bike<br>
<input type="checkbox" value="Car" /> I have a car
</form>
</body>
</html>
```

代码运行结果如图 7-14 所示。

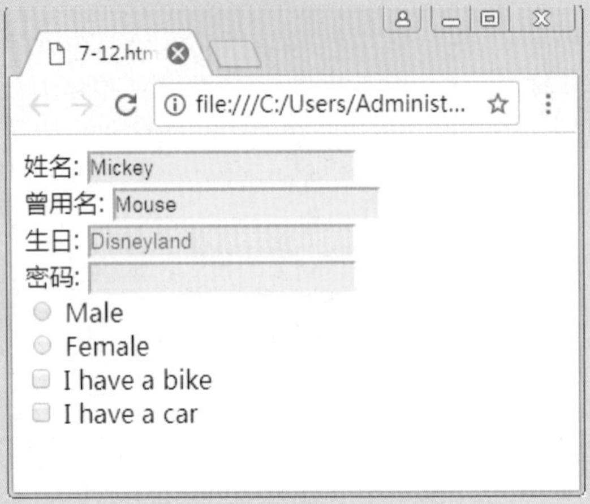

图 7-14

3）:disabled

:disabled 选择器选取所有禁用的表单元素。

与 :enabled 用法类似，这里不再举例赘述。

4）::selection

::selection 选择器匹配被用户选取的部分。

只能向 ::selection 选择器应用少量 CSS 属性：color、background、cursor 以及 outline。

小试身手——:selection 使用方法

案例代码如下：

```
<!DOCTYPE html>
<html lang="en">
<meta charset="UTF-8">
<title>Document</title>
<head>
<style>
::selection{
color:red;
}
</style>
</head>
<body>
<h1> 请选择页面中的文本 </h1>
<p> 这是一段文字 </p>
<div> 这是一段文字 </div>
<a href="#"> 这是一段文字 </a>
</body>
</html>
```

代码运行结果如图 7-15 所示。

图 7-15

7.3.5 CSS3 新增属性

CSS3 中为我们准备了一些属性选择器和目标伪类选择器等，让我们一起来看一下这些新增的新特性吧。

1）:target

:target 选择器可用于选取当前活动的目标元素。

小试身手——选取当前活动的目标元素

案例代码如下：

```
<!DOCTYPE html>
<html lang="en">
<meta charset="UTF-8">
<title>Document</title>
<head>
<style>
div{
width: 200px;
height: 200px;
background: #ccc;
margin:20px;
}
:target{
background: #f46;
}
</style>
</head>
<body>
<h1> 请点击下面的链接 </h1>
<p><a href="#content1"> 跳转到第一个 div</a></p>
<p><a href="#content2"> 跳转到第二个 div</a></p>
<hr/>
<div id="content1"></div>
<div id="content2"></div>
</body>
</html>
```

代码运行结果如图 7-16 所示。

图 7-16

在上面的案例中我们在页面中点击第二个链接，在页面中最明显的显示就是第二个 div 产生了背景色的改变。

2）:not

:not(selector) 选择器匹配非指定元素 / 选择器的每个元素。

小试身手——如何选定非指定选择器的元素

案例代码如下：

```
<!DOCTYPE html>
<html lang="en">
<meta charset="UTF-8">
<title>Document</title>
<head>
<style>
:not(p){
border:1px solid red;
}
</style>
</head>
<body>
<span> 这是 span 内的文本 </span>
<p> 这是第 1 行 p 标签文本 </p>
<p> 这是第 2 行 p 标签文本 </p>
<p> 这是第 3 行 p 标签文本 </p>
<p> 这是第 4 行 p 标签文本 </p>
</body>
</html>
```

代码运行结果如图 7-17 所示。

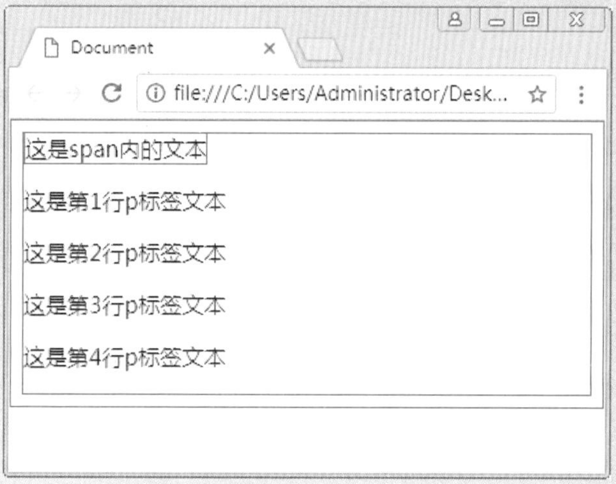

图 7-17

上面这段代码我们选中了所有的非 <p> 元素，所以除了 <span> 之外 <body> 和 <html> 也被选中了。

3）[attribute]

[attribute] 选择器用于选取带有指定属性的元素。

我们选中页面中所有带有 title 属性的元素，并且添加文本样式。

小试身手——选取带有指定属性的元素

案例代码如下：

```html
<!DOCTYPE html>
<html lang="en">
<meta charset="UTF-8">
<title>Document</title>
<head>
<style>
[title]{
color:red;
}
</style>
</head>
<body>
<span title=""> 这是 span 内的文本 </span>
<p> 这是第 1 行 p 标签文本 </p>
<p title=""> 这是第 2 行 p 标签文本 </p>
<p> 这是第 3 行 p 标签文本 </p>
<p> 这是第 4 行 p 标签文本 </p>
</body>
</html>
```

代码运行结果如图 7-18 所示。

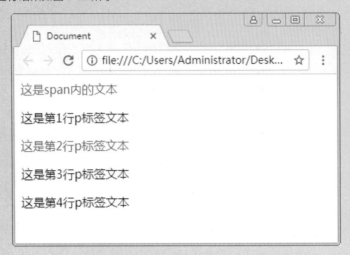

图 7-18

4）[attribute~=value]

[attribute~=value] 选择器用于选取属性值中包含指定词汇的元素。

选中所有页面中 title 属性带有文本 txt 的元素。

小试身手——选取属性值包含指定词汇的元素

案例代码如下：

```
<!DOCTYPE html>
<html lang="en">
<meta charset="UTF-8">
<title>Document</title>
<head>
<style>
[title~=txt]{
color:red;
}
</style>
</head>
<body>
<span title="txt"> 这是 span 内的文本 </span>
<p> 这是第 1 行 p 标签文本 </p>
<p title="my txt"> 这是第 2 行 p 标签文本 </p>
<p> 这是第 3 行 p 标签文本 </p>
<p> 这是第 4 行 p 标签文本 </p>
</body>
</html>
```

代码运行结果如图 7-19 所示。

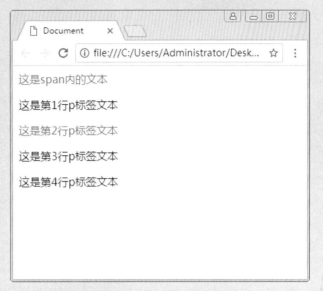

图 7-19

7.4 课堂练习

根据如图 7-20 所示的效果，利用本章所学知识制作出相同的效果。

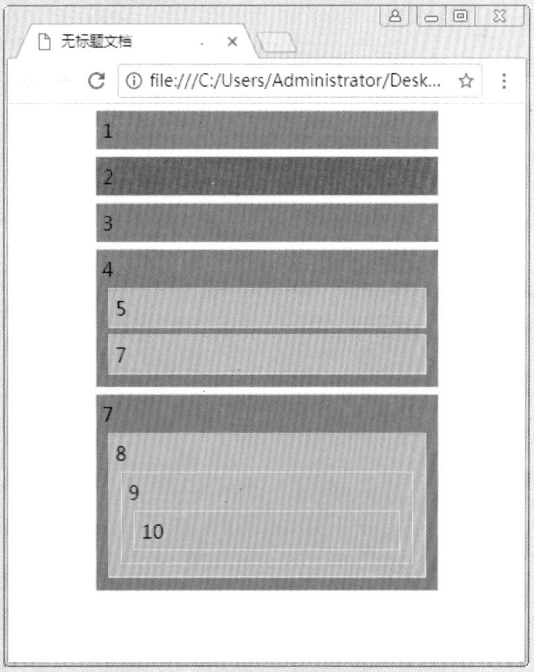

图 7-20

上述效果的代码如下：

```
<!doctype html>
<html>
<head>
<meta charset="utf-8">
<title> 无标题文档 </title>
<style type="text/css">
*{margin:0;
padding:0;}
body{
    width:300px;
    margin:0 auto;
}
div{
    margin:5px;
    padding:5px;
    border:1px solid #ccc;
}
div div{
    background:orange;
}
body>div{
    background: green;
}

.active + div{
    background:red;
}
</style>
</head>
<body>
<div class="active">1</div><!-- 为了说明相邻兄弟选择器，在此处添加一类名 active -->
<div>2</div>
<div>3</div>
<div>4
    <div>5</div>
    <div>7</div>
</div>
<div>7
    <div>8
        <div>9
            <div>10</div>
        </div>
    </div>
</div>
</body>
</html>
```

强化训练

在网页设计中，表单的作用是很大的，负责数据采集。精心设计的表单能让用户心情舒畅，从而愉快地注册、付款或进行内容创建和管理。所以本节的强化练习我们利用 CSS 创建一个表单。

最后表单的设计效果如图 7-21 所示。

图 7-21

操作提示

部分 HTML 代码如下：

```
<fieldset>
<legend> 用户详细资料 </legend>
<ol>
<li>
<label for=name> 用户名称： </label>
<input id=name name=name type=text placeholder=" 请输入用户名 " required autofocus>
</li>
<li>
<label for=email> 邮件地址： </label>
<input id=email name=email type=email placeholder="example@163.com" required>
</li>
<li>
<label for=phone> 联系电话： </label>
<input id=phone name=phone type=tel placeholder="010-12345678" required>
</li>
</ol>
</fieldset>
```

操作提示

CSS 提示代码如下:

```
body {
background: #ffffff;
color: #111111;
font-family: Georgia, "Times New Roman", Times, serif;
padding-left: 20px;
}
form#payment {
background: #9cbc2c;
-webkit-border-radius: 5px;
border-radius: 5px;
padding: 20px;
width: 400px;
margin:auto;
}
form#payment fieldset {
border: none;
margin-bottom: 10px;
}
```

此练习还是一个关于表单的练习，因为在设计一个网页的过程中表单出现的次数最多，而且样式也多样化，只有掌握了 CSS3 的新样式才能做出更漂亮的网页。

本章结束语

本章主要讲述了 CSS 的基础知识，回顾了 CSS 的特点和基本语法，接着讲述了 CSS 的选择器和数值单位，但是这些都是为了 CSS3 做铺垫。本章的重点知识是 CSS3 的一些新增的属性和元素伪类等重要的知识点，希望大家能学好本章的知识，为之后学习更多的 CSS3 知识打好基础。

CHAPTER 08
CSS3 文本与颜色

本章概述 SUMMARY

CSS3 新特性带来了新的文本样式，这些文本样式为我们页面中文本带来了新的活力，让我们的页面中的文本显得更加生动多彩。通过 CSS3，还能够创建圆角边框，向矩形添加阴影，使用图片来绘制边框并且不需要使用设计软件，比如 PhotoShop。本章将为大家带来的是 CSS3 边框的知识点。

■ 学习目标
学会文本的样式，其中包括文本的阴影、溢出、换行等知识。
掌握盒子的阴影使用方法。
掌握设计颜色样式。

■ 课时安排
理论知识 1 课时。
上机练习 2 课时。

知识导图：

8.1 设计文本和边框样式

在网页中，文本的样式也能够突出网页设计的风格。一个好的网页设计也必然离不开文本和一些边框的酷炫样式。该怎么去设置呢？接下来为大家讲解其中的奥妙。

■ 8.1.1 文本阴影 text-shadow

在 text-shadow 还没有出现时，大家在网页设计中阴影一般都是用 photoshop 做成图片，现在有了 CSS3 可以直接使用 text-shadow 属性来指定阴影。这个属性可以有两个作用，产生阴影和模糊主体。这样在不使用图片时也能给文字增加质感。

text-shadow 属性可以向文本添加一个或多个阴影。该属性是逗号分隔的阴影列表，每个阴影由 2 个或 3 个长度值和 1 个可选的颜色值进行规定。省略的长度是 0。

text-shadow 属性拥有 4 个值，它们按照顺序排列如下。

- h-shadow：必需。水平阴影的位置。允许负值。
- v-shadow：必需。垂直阴影的位置。允许负值。
- Blur：可选。模糊的距离。
- Color：可选。阴影的颜色。

下面我们通过一个小案例来帮助大家理解 text-shadow 属性。

小试身手——文字阴影的效果

设置文字阴影的代码如下：

```
<!DOCTYPE html>
<html lang="en">
<meta charset="UTF-8">
<title>Document</title>
<head>
<style>
p{
text-align:center;
font:bold 50px Helvetica, arial, sans-serif;
color:#999;
text-shadow:0.1em 0.1em #333;
}
</style>
</head>
<body>
<p>HTML5+CSS3</p>
</body>
</html>
```

代码的运行效果如图 8-1 所示。

图 8-1

"text-shadow:0.1em 0.1em #333;"此段代码声明了右下角文本阴影效果，如果把投影设置到左上角，则可以按照下面的方法设置：

```
<style type="text/css">
p{
text-shadow:-0.1em -0.1em #333;
}
</style>
```

代码的运行效果如图 8-2 所示。

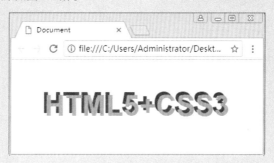

图 8-2

同理，如果设置阴影的文本在左下角，则可以设置如下样式：

```
<style type="text/css">
p{
text-shadow:-0.1em 0.1em #333;
}
</style>
```

代码的运行效果如图 8-3 所示。

图 8-3

也可以增加模糊效果的阴影，示例代码如下：

```
<style type="text/css">
p{
text-shadow: 0.1em 0.1em 0.3em #333;
}
</style>
```

代码的运行效果如图 8-4 所示。

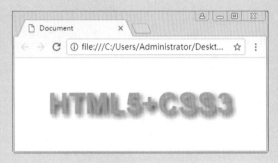

图 8-4

如果想要定义模糊阴影效果，示例代码如下：

```
<style type="text/css">
p{
text-shadow: 0.1em 0.1em 0.2em green;
}
</style>
```

代码的运行效果如图 8-5 所示。

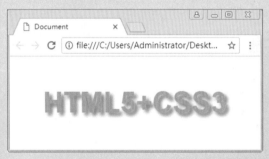

图 8-5

　　text-shadow 属性的第一个值表示水平位移；第二个值表示垂直位移，正值为右或者偏下，负值为偏左或偏上；第三个值表示模糊半径，该值可选；第四个值表示阴影的颜色，该值可选。在阴影偏移之后，可以指定一个模糊半径。模糊半径是一个长度值，指出模糊效果的范围。如何计算模糊效果的具体计算方法并没有指定。在阴影效果的长度值之前或之后可以选择指定一个颜色值。颜色值会被用做阴影效果的基础。如果没有指定颜色，那么将使用 color 属性值来替代。

　　灵活使用 text-shadow 属性可以解决网页设计中很多实际的问题。下面结合实例进行介绍。

1）通过阴影增加前景色与背景色的对比度

在这个示例中通过阴影把文字颜色与背景颜色区分开来，让字体看起来更清晰。

小试身手——设置颜色对比度

设置阴影颜色的对比度代码如下：

```
<!DOCTYPE html>
<html lang="en">
<meta charset="UTF-8">
<title>Document</title>
<head>
<style>
p{
text-align:center;
font:bold 50px helvetica, arial, sans-serif;
color:#fff;
text-shadow:#999 0.1em 0.1em 0.2em;
}
</style>
</head>
<body>
<p>HTML5+CSS3</p>
</body>
</html>
```

代码的运行效果如图 8-6 所示。

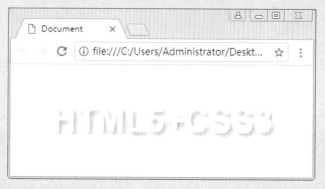

图 8-6

2）定义多色阴影

text-shadow 属性可以接受一个以逗号分隔的阴影效果列表，并应用到该元素的文本上。阴影效果按照给定的顺序应用，因此有可能出现互相覆盖，但是它们不会覆盖文本本身，阴影效果不会改变边框的尺寸，但可能延伸到它的边界之外。阴影效果的堆叠层次和本身层次是一样的。

下面来为红色文本定义 3 个不同颜色的阴影。

小试身手——文字也可以有多种阴影色

多色阴影的示例代码如下：

```
<!DOCTYPE html>
<html lang="en">
<meta charset="UTF-8">
<title>Document</title>
<head>
<style>
p{
text-align:center;
font:bold 50px helvetica, arial, sans-serif;
color:red;
text-shadow: 0.2em 0.4em 0.1em #600,
-0.3em 0.1em 0.1em #060,
0.4em -0.3em 0.1em #006;
}
</style>
</head>
<body>
<p>HTML5+CSS3</p>
</body>
</html>
```

代码的运行效果如图 8-7 所示。

图 8-7

知识拓展

当使用 text-shadow 属性定义多色阴影时，每个阴影效果必须指定阴影偏移，而模糊半径、阴影颜色是可选参数。

3）制作火焰文字

借助阴影效果列表机制，可以使用阴影叠加出燃烧的文字特效。

小试身手——炫酷火焰字

阴影叠加出燃烧的文字特效，示例代码如下：

```
<!DOCTYPE html>
<html lang="en">
<meta charset="UTF-8">
<title>Document</title>
<head>
<style>
body{
background:#000;
}
p{
text-align:center;
font:bold 50px helvetica, arial, sans-serif;
color:green;
text-shadow: 0 0 4px white,
0 -5px 4px #ff3,
2px -10px 6px #fd3,
-2px -15px 11px #f80,
2px -25px 18px #f20；
}
</style>
</head>
<body>
<p> 文字特效 </p>
</body>
</html>
```

代码的运行效果如图 8-8 所示。

图 8-8

4）设置立体文字

text-shadow 属性可以使用在 :first-letter 和 :first-line 伪元素上，同时还可以利用该属性设计立体文本。

小试身手——文字立体显示

使用阴影叠加出的立体文本特效代码如下：

```
<!DOCTYPE html>
<html lang="en">
<meta charset="UTF-8">
<title>Document</title>
<head>
<style>
body{
background:#000;
}
p{
text-align:center;
padding:24px
margin:0;
font: helvetica, arial, sans-serif;
font-size:75px;
font-weight:bold;
color:green;
background:#ccc;
text-shadow: -1px -1px white,
1px 1px #333;
}
</style>
</head>
<body>
<p> 文字特效 </p>
</body>
</html>
```

代码的运行效果如图 8-9 所示。

图 8-9

通过左上和右下添加 1px 错位的补色阴影，营造出一种淡淡的立体效果。

5）设置描边文字

text-shadow 属性还可以为文本描边，设计方法是分别为文本的 4 条边添加 1px 的实体阴影。

小试身手——给文字描个边

描边文字的示例代码如下：

```html
<!DOCTYPE html>
<html lang="en">
<meta charset="UTF-8">
<title>Document</title>
<head>
<style>
body{
background:#000;
}
p{
text-align:center;
padding:24px
margin:0;
font: helvetica, arial, sans-serif;
font-size:75px;
font-weight:bold;
color:white;
background:#ccc;
text-shadow: -1px 0 black,
0 1px black,
1px 0 black,
0 -1px black;
}
</style>
</head>
<body>
<p> 文字特效 </p>
</body>
</html>
```

代码的运行效果如图 8-10 所示。

图 8-10

6）文字外发光效果

设置阴影不发生位移，同时定义阴影模糊显示，这样可以模拟出文字外发光效果。

小试身手——让文字发光显示

文字发光效果的示例代码如下：

```
<!DOCTYPE html>
<html lang="en">
<meta charset="UTF-8">
<title>Document</title>
<head>
<style>
body{
background:#000;
}
p{
text-align:center;
padding:24px
margin:0;
font: helvetica, arial, sans-serif;
font-size:75px;
font-weight:bold;
color:#999;
background:#ccc;
text-shadow:0 0 0.2em #fff,
0 0 0.2em #fff;
}
</style>
</head>
<body>
<p> 文字特效 </p>
</body>
</html>
```

代码的运行效果如图 8-11 所示。

图 8-11

8.1.2　文本溢出 text-overflow

在编辑网页文本时经常会遇到文字太多超出容器的尴尬问题，CSS3 新特性中带来了解决方案。

text-overflow 属性规定当文本溢出包含元素时发生的事情。

语法如下：

```
text-overflow: clip|ellipsis|string;
```

text-overflow 属性的值可以是以下几种。

- clip：修剪文本。
- Ellipsis：显示省略符号来代表被修剪的文本。
- String：使用给定的字符串来代表被修剪的文本。

下面通过一个案例帮助大家理解 text-overflow 属性。

小试身手——文本的溢出效果

文本溢出效果代码如下：

```
<!DOCTYPE html>
<html lang="en">
<meta charset="UTF-8">
<title>Document</title>
<head>
<style>
div.test{
white-space:nowrap;
width:12em;
overflow:hidden;
border:1px solid #000000;
}
div.test:hover{
text-overflow:inherit;
overflow:visible;
}
</style>
</head>
<body>
<p> 如果您把光标移动到下面两个 div 上，就能够看到全部文本。</p>
<p> 这个 div 使用 "text-overflow:ellipsis"：</p>
<div class="test" style="text-overflow:ellipsis;">This is some long text that will not fit in the box</div>
<p> 这个 div 使用 "text-overflow:clip"：</p>
<div class="test" style="text-overflow:clip;">This is some long text that will not fit in the box</div>
</body>
</html>
```

代码运行结果如图 8-12 所示。

图 8-12

8.1.3 文本换行 word-wrap

在编辑网页文本时经常会遇到单词太长超出容器一行的尴尬问题，CSS3 新特性中为我们带来了解决方案。

word-wrap 属性允许长单词或 URL 地址换行到下一行。

小试身手——给文本换行

文本换行的示例代码如下：

```
<!DOCTYPE html>
<html lang="en">
<meta charset="UTF-8">
<title>Document</title>
<head>
<style>
p.test{
width:11em;
border:1px solid #000000;
}
</style>
</head>
<body>
<p class="test">
This paragraph contains a very long word: thisisaveryveryveryveryveryverylongword. The long word
will break and wrap to the next line.
</p>
</body>
</html>
```

代码运行结果如图 8-13 所示。

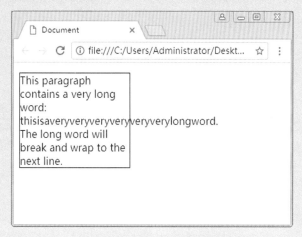

图 8-13

此时可以看见，非常尴尬的一个长单词超出了容器的范围，解决方案如下：

 word-wrap: break-word;

修改后的代码运行结果如图 8-14 所示。

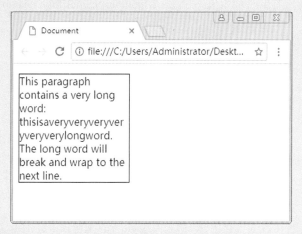

图 8-14

8.1.4   单词拆分 word-break

word-break 属性规定自动换行的处理方法。

通过使用 word-break 属性，可以让浏览器实现在任意位置的换行。

word-break 属性的值可以是以下几种。

- normal：使用浏览器默认的换行规则。
- break-all：允许在单词内换行。
- keep-all：只能在半角空格或连字符处换行。

word-break 属性和 word-wrap 属性都是关于自动换行的操作，它们之间有什么区别呢？

下面通过一个案例来帮助大家理解两者的区别。

小试身手——英文单词的拆分

单词拆分的效果代码如下：

```
<!DOCTYPE html>
<html lang="en">
<meta charset="UTF-8">
<title>Document</title><head>
<style>
p.test1{
width:11em;
border:1px solid #000000;
word-wrap: break-word;
}
p.test2{
width:11em;
border:1px solid #000000;
word-break:break-all;
}
</style>
</head>
<body>
<p class="test1">This is a veryveryveryveryveryveryveryveryveryveryvery long paragraph.</p>
<p class="test2">This is a veryveryveryveryveryveryveryveryveryvery long paragraph.</p>
</body>
</html>
```

代码运行结果如图 8-15 所示。

图 8-15

■ 8.1.5　圆角边框 border-radius

border-radius 属性是一个简写属性，用于设置 4 个 border-*-radius 属性。

语法如下：

border-radius: 1-4 length|% / 1-4 length|%;

4 个 border-*-radius 属性按照顺序分别如下。

- border-top-left-radius：左上。
- border-top-right-radius：右上。
- border-bottom-right-radius：右下。
- border-bottom-left-radius：左下。

在圆角边框属性出现之前，想要得到一个带有圆角边框的按钮需要借助一些绘图软件才可以，这样做的坏处有两点，第一是一个页面中的元素需要美工和前端两个人配合才能完成，大大降低了工作效率；第二是图片的大小要比几行代码大上许多，这样就造成了页面加载速度变慢，用户体验也不好。

小试身手——制作扁平化按钮

使用 border-radius 代码如下：

```
<!DOCTYPE html>
<html lang="en">
<head>
<meta charset="UTF-8">
<title>Document</title>
<style>
body{
background: #ccc;
}
div{
width: 200px;
height: 50px;
margin:20px auto;
font-size: 30px;
line-height: 45px;
text-align: center;
color:#fff;
border:2px solid #fff;
border-radius: 10px;
}
</style>
</head>
<body>
<div>button</div>
</body>
</html>
```

代码运行结果如图 8-16 所示。

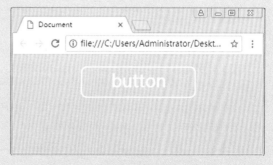

图 8-16

是不是很酷？以后就可以在不借助任何绘图软件的情况下完成一个酷炫的按钮了。当然圆角边框的作用远不止制作一个圆角按钮而已，至于它的更多的用法就要靠大家去发掘了。

8.1.6　盒子阴影 box-shadow

在前面的章节中讲解了 CSS3 的文本阴影，同样，CSS3 也带来了盒子阴影，利用盒子阴影可以制作出 3D 效果。

box-shadow 属性向框添加一个或多个阴影。

语法如下：

> box-shadow: h-shadow v-shadow blur spread color inset;

box-shadow 向框添加一个或多个阴影。该属性是由逗号分隔的阴影列表，每个阴影由 2 ～ 4 个长度值、可选的颜色值以及可选的 inset 关键词来规定。省略长度的值是 0。

box-shadow 属性的值包含了以下几个。

- h-shadow：必需。水平阴影的位置。允许负值。
- v-shadow：必需。垂直阴影的位置。允许负值。
- blur：可选。模糊距离。
- spread：可选。阴影的尺寸。
- color：可选。阴影的颜色。
- inset：可选。将外部阴影 (outset) 改为内部阴影。

可以结合上一章节中的圆角边框按钮制作出一个炫酷的按钮，当然这个按钮是之前的按钮的升级版。

小试身手——给按钮设置阴影的效果

使用 box-shadow 属性代码如下：

```
<!DOCTYPE html>
<html lang="en">
<head>
<meta charset="UTF-8">
<title>Document</title>
<style>
body{
background: #ccc;
}
div{
width: 200px;
height: 50px;
margin:30px auto;
font-size: 30px;
line-height: 45px;
text-align: center;
```

```
color:#fff;
border:5px solid #fff;
border-radius: 10px;
background: #f46;
cursor:pointer;
}
div:hover{
box-shadow: 0 10px 40px 5px #f46;
}
</style>
</head>
<body>
<div>button</div>
</body>
</html>
```

代码的运行效果如图 8-17 所示。

图 8-17

■ 8.1.7　边界边框 border-image

border-image 属性规定可以使用图片作为元素的边框。

这个属性再次为 Web 前端工程师带来福音，这个属性可以自定义出更加有趣美观的元素边框，而不是只能使用原来 CSS 预设的那些。

border-image 属性是一个简写属性，用于设置以下属性：border-image-source，border-image-slice，border-image-width，border-image-outset，border-image-repeat。

如果省略值，会设置其默认值。

border-image 属性的值包括以下几个。

- border-image-source：用在边框的图片的路径。
- border-image-slice：图片边框向内偏移。
- border-image-width：图片边框的宽度。
- border-image-outset：边框图像区域超出边框的量。
- border-image-repeat：图像边框是否应平铺 (repeated)、铺满 (rounded) 或拉伸 (stretched)。

小试身手——图像边框效果

使用 border-image 代码如下：

```
<!DOCTYPE html>
<html lang="en">
<head>
<meta charset="UTF-8">
<title>Document</title>
<style>
div{
border:15px solid transparent;
width:300px;
padding:10px 20px;
}
#round{
-moz-border-image:url(/i/border.png) 30 30 round;          /* Old Firefox */
-webkit-border-image:url(/i/border.png) 30 30 round;       /* Safari and Chrome */
-o-border-image:url(/i/border.png) 30 30 round;            /* Opera */
border-image:url(/i/border.png) 30 30 round;
}
#stretch{
-moz-border-image:url(/i/border.png) 30 30 stretch;        /* Old Firefox */
-webkit-border-image:url(/i/border.png) 30 30 stretch;     /* Safari and Chrome */
-o-border-image:url(/i/border.png) 30 30 stretch;          /* Opera */
border-image:url(/i/border.png) 30 30 stretch;
}
</style>
</head>
<body>
<div id="round"> 在这里，图片铺满整个边框。</div>
<br>
<div id="stretch"> 在这里，图片被拉伸以填充该区域。</div>
<p> 这是我们使用的图片：</p>
<img src="border.png">
</body>
</html>
```

代码运行结果如图 8-18 所示。

图 8-18

8.2　设计颜色样式

在 CSS3 之前，只能使用 RGB 模式定义颜色值，只能通过 opacity 属性设置颜色的不透明度。CSS3 增加了 3 种颜色值定义模式：RGBA 颜色值、HSL 颜色值和 HSLA 颜色值，并且允许通过对 RGBA 颜色值和 HSLA 颜色值设定 Alpha 通道的方法来更容易地实现半透明文字与图像互相重叠的效果。

8.2.1　使用 RGBA 颜色值

RGBA 色彩模式是 RGB 色彩模式的扩展，它在红、绿、蓝三色通道基础上增加了不透明度参数。其语法格式如下：

rgba(r,g,b,<opacity>)

其中 r、g、b 分别表示红色、绿色和蓝色 3 种所占的比重。r、g、b 的值可以是正整数或者百分比分数。正整数值的取值范围为 0~255，百分数值的取值范围为 0.0%~100.0%。超出范围的数值将被截至其最接近的取值极限。注意，并非所有浏览器都支持使用百分数值。第四个参数 <opacity> 表示不透明度，取值在 0~1 之间。

下面来设计一个带阴影边框的表单。

小试身手——给表格边框设置颜色

设置表格边框的颜色代码如下：

```
<!DOCTYPE html>
<html lang="en">
<head>
<meta charset="UTF-8">
<title>Document</title>
<style type="text/css">
input, textarea {
    padding: 4px;
    border: solid 1px #E5E5E5;
    outline: 0;
    font: normal 13px/100% Verdana, Tahoma, sans-serif;
    width: 200px;
    background: #FFFFFF;
    box-shadow: rgba(0, 0, 0, 0.1) 0px 0px 8px;
    -moz-box-shadow: rgba(0, 0, 0, 0.1) 0px 0px 8px;
    -webkit-box-shadow: rgba(0, 0, 0, 0.1) 0px 0px 8px;
}
input:hover, textarea:hover, input:focus, textarea:focus { border-color: #C9C9C9; }
label {
    margin-left: 10px;
    color: #999999;
    display:block;
}
.submit input {
    width:auto;
    padding: 9px 15px;
```

```
        background: #617798;
        border: 0;
        font-size: 14px;
        color: #FFFFFF;
    }
    </style>
    </head>

    <body>
    <form>
        <p class="name">
            <label for="name"> 姓名 </label>
            <input type="text" name="name" id="name" />
        </p>
        <p class="email">
            <label for="email"> 邮箱 </label>
            <input type="text" name="email" id="email" />
        </p>
        <p class="submit">
            <input type="submit" value=" 提交 " />
        </p>
    </form>
    </body>
    </html>
```

代码的运行效果如图 8-19 所示。

图 8-19

■ 8.2.2 使用 HSL 颜色值

在 CSS3 中新增的 HSL 颜色表现方式（http://www.w3.org/TR/css3-color）。HSL 色彩模式是工业界一种颜色标准，它通过对色调（H）、饱和度（S）和亮度（L）3 个颜色通道的改变以及它们互相之间的叠加来获得各种颜色。这个标准几乎包括了视觉所能感知的所有颜色，在屏幕上可以重现 16777216 种颜色，是目前运用最广的颜色系统之一。

在 CSS3 中，HSL 色彩模式的表示语法如下：

```
hsl(<length>,<percentage>,<percentage>)
```

hsl() 函数的 3 个参数说明如下。

<length>：表示色调（Hue）。Hue 衍生于色盘，取值可以为任意数值，其中 0（或 360、–360）表示红色，60 表示黄色，120 表示绿色，180 表示青色，240 表示蓝色，300 表示洋红，当然可以设置其他数值来确定不同颜色。

<percentage>：表示饱和度（Saturation），也就是说该色彩被使用了多少，或者说颜色的深浅程度、鲜艳程度。取值为 0%~100% 之间的值。其中 0% 表示灰度，即没有使用该颜色；100% 饱和度最高，即颜色最艳。

<percentage>：表示亮度（lightness）。取值为 0%~100% 之间的值，其中 0% 表示最暗，50% 表示均值，100% 表示最亮，显示为白色。

下面就来设计一个颜色表，因为在网页设计中利用这种方法就可以根据网页需要选择最恰当的配送方案。

小试身手——颜色搭配方案

配置的颜色表代码如下：

```
<!DOCTYPE html>
<html lang="en">
<head>
<meta charset="UTF-8">
<title>Document</title>
<style type="text/css">
table {
    border:solid 1px red;
    background:#eee;
    padding:6px;
}
th {
    color:red;
    font-size:12px;
    font-weight:normal;
}
td {
    width:80px;
    height:30px;
}
tr:nth-child(4) td:nth-of-type(1) { background:hsl(0,100%,100%);}
tr:nth-child(4) td:nth-of-type(2) { background:hsl(0,75%,100%);}
tr:nth-child(4) td:nth-of-type(3) { background:hsl(0,50%,100%);}
tr:nth-child(4) td:nth-of-type(4) { background:hsl(0,25%,100%);}
tr:nth-child(4) td:nth-of-type(5) { background:hsl(0,0%,100%);}

tr:nth-child(5) td:nth-of-type(1) { background:hsl(0,100%,88%);}
tr:nth-child(5) td:nth-of-type(2) { background:hsl(0,75%,88%);}
tr:nth-child(5) td:nth-of-type(3) { background:hsl(0,50%,88%);}
tr:nth-child(5) td:nth-of-type(4) { background:hsl(0,25%,88%);}
tr:nth-child(5) td:nth-of-type(5) { background:hsl(0,0%,88%);}
```

```
tr:nth-child(6) td:nth-of-type(1) { background:hsl(0,100%,75%);}
tr:nth-child(6) td:nth-of-type(2) { background:hsl(0,75%,75%);}
tr:nth-child(6) td:nth-of-type(3) { background:hsl(0,50%,75%);}
tr:nth-child(6) td:nth-of-type(4) { background:hsl(0,25%,75%);}
tr:nth-child(6) td:nth-of-type(5) { background:hsl(0,0%,75%);}

tr:nth-child(7) td:nth-of-type(1) { background:hsl(0,100%,63%);}
tr:nth-child(7) td:nth-of-type(2) { background:hsl(0,75%,63%);}
tr:nth-child(7) td:nth-of-type(3) { background:hsl(0,50%,63%);}
tr:nth-child(7) td:nth-of-type(4) { background:hsl(0,25%,63%);}
tr:nth-child(7) td:nth-of-type(5) { background:hsl(0,0%,63%);}

tr:nth-child(8) td:nth-of-type(1) { background:hsl(0,100%,50%);}
tr:nth-child(8) td:nth-of-type(2) { background:hsl(0,75%,50%);}
tr:nth-child(8) td:nth-of-type(3) { background:hsl(0,50%,50%);}
tr:nth-child(8) td:nth-of-type(4) { background:hsl(0,25%,50%);}
tr:nth-child(8) td:nth-of-type(5) { background:hsl(0,0%,50%);}

tr:nth-child(9) td:nth-of-type(1) { background:hsl(0,100%,38%);}
tr:nth-child(9) td:nth-of-type(2) { background:hsl(0,75%,38%);}
tr:nth-child(9) td:nth-of-type(3) { background:hsl(0,50%,38%);}
tr:nth-child(9) td:nth-of-type(4) { background:hsl(0,25%,38%);}
tr:nth-child(9) td:nth-of-type(5) { background:hsl(0,0%,38%);}

tr:nth-child(10) td:nth-of-type(1) { background:hsl(0,100%,25%);}
tr:nth-child(10) td:nth-of-type(2) { background:hsl(0,75%,25%);}
tr:nth-child(10) td:nth-of-type(3) { background:hsl(0,50%,25%);}
tr:nth-child(10) td:nth-of-type(4) { background:hsl(0,25%,25%);}
tr:nth-child(10) td:nth-of-type(5) { background:hsl(0,0%,25%);}

tr:nth-child(11) td:nth-of-type(1) { background:hsl(0,100%,13%);}
tr:nth-child(11) td:nth-of-type(2) { background:hsl(0,75%,13%);}
tr:nth-child(11) td:nth-of-type(3) { background:hsl(0,50%,13%);}
tr:nth-child(11) td:nth-of-type(4) { background:hsl(0,25%,13%);}
tr:nth-child(11) td:nth-of-type(5) { background:hsl(0,0%,13%);}

tr:nth-child(12) td:nth-of-type(1) { background:hsl(0,100%,0%);}
tr:nth-child(12) td:nth-of-type(2) { background:hsl(0,75%,0%);}
tr:nth-child(12) td:nth-of-type(3) { background:hsl(0,50%,0%);}
tr:nth-child(12) td:nth-of-type(4) { background:hsl(0,25%,0%);}
tr:nth-child(12) td:nth-of-type(5) { background:hsl(0,0%,0%);}

</style>
</head>
<body>
<table class="hslexample">
    <tbody>
        <tr>
            <th> </th>
            <th colspan="5"> 色相：H=0 Red </th>
        </tr>
        <tr>
            <th> </th>
            <th colspan="5"> 饱和度 (&rarr;)</th>
```

```
      </tr>
      <tr>
          <th> 亮度 (&darr;)</th>
          <th>100% </th>
          <th>75% </th>
          <th>50% </th>
          <th>25% </th>
          <th>0% </th>
      </tr>
      <tr>
          <th>100 </th>
          <td> </td>
          <td> </td>
          <td> </td>
          <td> </td>
          <td> </td>
      </tr>
      <tr>
          <th>88 </th>
          <td> </td>
          <td> </td>
          <td> </td>
          <td> </td>
          <td> </td>
      </tr>
      <tr>
          <th>75 </th>
          <td> </td>
          <td> </td>
          <td> </td>
          <td> </td>
          <td> </td>
      </tr>
      <tr>
          <th>63 </th>
          <td> </td>
          <td> </td>
          <td> </td>
          <td> </td>
          <td> </td>
      </tr>
      <tr>
          <th>50 </th>
          <td> </td>
          <td> </td>
          <td> </td>
          <td> </td>
          <td> </td>
      </tr>
      <tr>
          <th>38 </th>
          <td> </td>
          <td> </td>
          <td> </td>
```

```
          <td> </td>
          <td> </td>
      </tr>
      <tr>
          <th>25 </th>
          <td> </td>
          <td> </td>
          <td> </td>
          <td> </td>
          <td> </td>
      </tr>
      <tr>
          <th>13 </th>
          <td> </td>
          <td> </td>
          <td> </td>
          <td> </td>
          <td> </td>
      </tr>
      <tr>
          <th>0 </th>
          <td> </td>
          <td> </td>
          <td> </td>
          <td> </td>
          <td> </td>
      </tr>
    </tbody>
  </table>
</body>
</html>
```

代码的运行效果如图 8-20 所示。

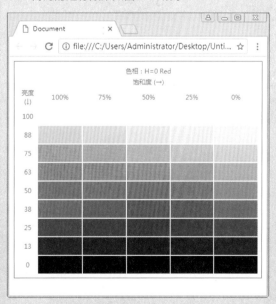

图 8-20

■ 8.2.3 使用 HSLA 颜色值

HSLA 色彩模式是 HSL 色彩模式的扩展，在色相、饱和度和亮度三个要素基础上增加了不透明度参数，使用 HSLA 色彩模式可以定义不同透明效果。

语法格式如下：

hsla(<length>,<percentage>,<percentage>,<opacity>)

上述语法中的前 3 个参数与 hsl() 函数参数定义和用法相同，第 4 个参数 <opacity> 表示不透明度，取值在 0~1 之间。

小试身手——给颜色设置不透明度

设置不透明度的代码如下：

```
<!DOCTYPE html>
<html lang="en">
<head>
<meta charset="UTF-8">
<title>Document</title>
<style type="text/css">
li { height: 18px; }
li:nth-child(1) { background: hsla(120,50%,50%,0.1); }
li:nth-child(2) { background: hsla(120,50%,50%,0.2); }
li:nth-child(3) { background: hsla(120,50%,50%,0.3); }
li:nth-child(4) { background: hsla(120,50%,50%,0.4); }
li:nth-child(5) { background: hsla(120,50%,50%,0.5); }
li:nth-child(6) { background: hsla(120,50%,50%,0.6); }
li:nth-child(7) { background: hsla(120,50%,50%,0.7); }
li:nth-child(8) { background: hsla(120,50%,50%,0.8); }
li:nth-child(9) { background: hsla(120,50%,50%,0.9); }
li:nth-child(10) { background: hsla(120,50%,50%,1); }
</style>
</head>

<body>
<ol>
    <li></li>
    <li></li>
    <li></li>
    <li></li>
    <li></li>
    <li></li>
    <li></li>
    <li></li>
    <li></li>
    <li></li>
</ol>
</body>
</html>
```

运行这段代码，效果如图 8-21 所示。

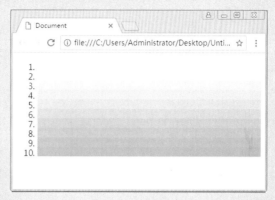

图 8-21

8.3　课堂练习

本节的课堂练习为大家准备了如图 8-22 所示的内容，请根据图中所展示的效果，结合之前的知识设置出一样的样式。

图 8-22

图 8-22 显示的是 4 个按钮，当鼠标放在按钮上的时候颜色会发生变化，设计代码如下：

```
<!DOCTYPE html>
    <html lang="en">
        <head>
            <meta charset="utf-8">
            <style type="text/css">
                *{margin: 0; padding: 0;}
                .container{
                    margin: 0 auto;
                    padding-top: 30px;
                    width: 1000px;
                }
                .btn{
                    display: inline-block;
```

```
                    padding: 0 30px;
                    width: auto;
                    height: 35px;
                    font: 14px/35px 'microsoft yahei';
                    color: #fff; border: 0;
                    border-radius: 3px;
                    text-align: center;
                    cursor: pointer;
                    -webkit-transition: all .5s;
                    -moz-transition: all .5s;
                    -ms-transition: all .5s;
                    -o-transition: all .5s;
                    transition: all .5s;
                }
                .blueBtn{
                    background: #5dcbff;
                } /* 蓝色按钮 */
                .blueBtn:hover{
                    background: #40b6ee;
                }
                .orangeBtn{
                    background: #ff5700;
                }/* 橙色按钮 */
                .orangeBtn:hover{
                    background: #e25d18;
                }
                .violetBtn{
                    background: #6680ff;
                }/* 紫色按钮 */
                .violetBtn:hover{
                    background: #425de0;
                }
                .grayBtn{
                    background: #999;
                }/* 灰色按钮 */
                .grayBtn:hover{
                    background: #7f7f7f;
                }
            </style>
        </head>
        <body>
            <div class="container">
                <span class="btn blueBtn"> 蓝色按钮 </span>
                <span class="btn orangeBtn"> 橙色按钮 </span>
                <span class="btn violetBtn"> 紫色按钮 </span>
                <span class="btn grayBtn"> 灰色按钮 </span>
            </div>
        </body>
    </html>
```

强化训练

很多用户喜欢使用图形化首页引导浏览者的视线，富有冲击力的画面，极少的文字说明，都能够让浏览者有一种继续探知的冲动。

此练习将模拟一个黑客网站的首页，借助 text-shadow 属性设计阴影效果，通过颜色的搭配，营造一种静谧神秘的氛围，使用两幅 PNG 图像对页面效果进行装饰和点缀，最后演示的效果如图 8-23 所示。

图 8-23

操作提示

定义页面背景色为黑色，前景色为灰色，设计主色调，并清除页边距。设计右上偏移的阴影，适当进行模糊处理，产生色晕效果，阴影色为深色，营造一个静谧的主观效果。

设计一个层，让其覆盖在页面上，使其满窗口显示，通过前期设计好探照灯背景来营造神秘效果。

部分提示代码如下：

```css
body {
    padding: 0px;
    margin: 0px;
    background: black;
    color: #666;
}
```

```
#text-shadow-box {
    position: relative;
    width: 598px;
    height: 406px;
    background: #666;
    overflow: hidden;
    border: #333 1px solid;
}
#text-shadow-box div.wall {
    position: absolute;
    width: 100%;
    top: 175px;
    left: 0px
}
#text {
    text-align: center;
    line-height: 0.5em;
    margin: 0px;
    font-family: helvetica, arial, sans-serif;
    height: 1px;
    color: #999;
    font-size: 80px;
    font-weight: bold;
    text-shadow: 5px -5px 16px #000;
}
div.wall div {
    position: absolute;
    width: 100%;
    height: 300px;
    top: 42px;
    left: 0px;
    background: #999;
}
```

本章结束语

　　本章为大家讲解了有关 CSS3 的文本样式，包括了文本阴影、自动换行等。CSS3 的新特性为我们以后处理页面文本又添加了新的武器。

　　CSS3 中的边框属性，包括了圆角边框和盒子阴影以及边界边框。CSS3 边框属性的出现，使得 Web 前端工程师的创作自由度大大拓展，不用再像以前如果想做出一些好看的边框样式总是会被各种因素所困扰。

CHAPTER 09
颜色渐变和图形转换

本章概述 SUMMARY

渐变背景一直活跃在 Web 中，但是以前都是需要前端工程师和设计师相配合，再通过切图来实现的，这样做的成本太高。CSS3 渐变将把以前的做法彻底颠覆，以后只需要前端工程师自己即可完成整个操作。转换是 CSS3 中具有颠覆性的特征之一，可以实现元素的位移、旋转、变形、缩放，甚至支持矩阵方式，配合即将学习的过渡和动画知识，可以取代大量之前只能靠 Flash 才可以实现的效果。本章讲解有关 CSS3 转换和渐变的知识。

■ 学习目标
了解渐变和转换对浏览器的支持情况。
掌握 CSS3 中线性渐变和径向渐变。
学会 2D 和 3D 转换的应用效果。

■ 课时安排
理论知识 1 课时。
上机练习 1 课时。

知识导图：

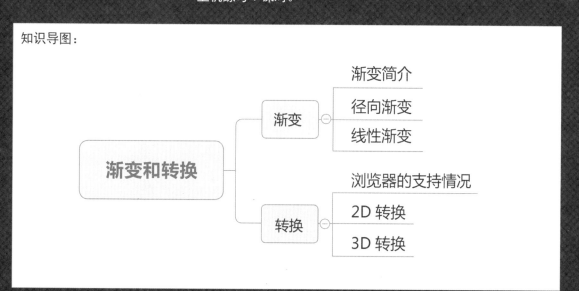

9.1　渐变简介

　　在说 CSS3 渐变之前，先了解什么是渐变。其实渐变就是颜色与颜色之间的平滑过渡，在创建的过程中，创建多个颜色值，让多个颜色之间实现平滑的过渡效果。用 PS 中的渐变编辑器来为大家做简单的示意，如图 9-1 所示。

图 9-1

　　图 9-1 上被红色框框选的部分就是渐变效果。可以看出，在红色与黄色、黄色和绿色之间的颜色都是平滑过渡的，而学习的 CSS3 渐变原理其实也是如此。

　　CSS3 定义了两种类型的渐变（gradients）。

- 线性渐变（Linear Gradients）：向下 / 向上 / 向左 / 向右 / 对角方向。
- 径向渐变（Radial Gradients）：由它们的中心定义。

9.1.1　浏览器支持情况

　　最早实现对 CSS3 渐变支持的浏览器是 -webkit- 内核的浏览器，随后 Firefox 和 Opera 浏览器也相应给予了支持，但是众多浏览器之间并没有统一起来，所以在使用的时候还是需要加上浏览器厂商前缀的。

表 9-1

属性	IE	Firefox	Chrome	Sfari	Opera
Linear-gradient	10.0	26.0 10.0 -webkit-	16.0 3.6 -moz-	6.1 5.1 -webkit-	12.1 11.1 -o-
Radial-gradient	10.0	26.0 10.0 -webkit-	16.0 3.6 -moz-	6.1 5.1 -webkit-	12.1 11.1 -o-
repeating- linear-gradient	10.0	26.0 10.0 -webkit-	16.0 3.6 -moz-	6.1 5.1 -webkit-	12.1 11.1 -o-
repeating- radial-gradient	10.0	26.0 10.0 -webkit-	16.0 3.6 -moz-	6.1 5.1 -webkit-	12.1 11.1 -o-

■ 9.1.2 线性渐变

学习 CSS3 渐变先从最简单线性渐变开始学起。前面已经说过，渐变是指多种颜色之间平滑的过渡，那么想要实现最简单的渐变最起码需要定义两个颜色值，一个颜色作为渐变的起点，另一个作为渐变的终点。

线性渐变的属性为 linear-gradient，默认渐变的方向也是从上至下的。

语法如下：

```
background: linear-gradient(direction, color-stop1, color-stop2, ...);
```

小试身手——制作一个线性渐变

使用 CSS3 制作一个线性渐变。代码如下：

```
<!DOCTYPE html>
<html lang="en">
<head>
<meta charset="UTF-8">
<title>Document</title>
<style>
div{
width: 200px;
height: 200px;
background:-ms-linear-gradient(pink,lightblue);
background:-webkit-linear-gradient(pink,lightblue);
background:-o-linear-gradient(pink,lightblue);
background:-moz-linear-gradient(pink,lightblue);
background:linear-gradient(pink,lightblue);
}
</style>
</head>
<body>
<div></div>
</body>
</html>
```

代码运行结果如图 9-2 所示。

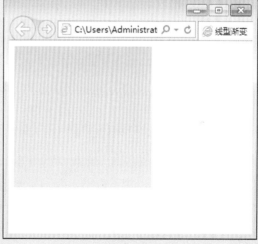

图 9-2

以上代码把标准属性放在最下方，而上面分别为每个内核的浏览器都做了私有的属性设置，这主要是因为目前 CSS3 渐变的浏览器支持程度还不是非常理想，保守起见还是写入了各个浏览器厂商的前缀。

刚刚做的是一个默认方向上的线性渐变效果，如果需要其他方向的渐变效果的话只需要在设置颜色值之前设置渐变方向的起点位置即可。

例如需要一个从左往右的渐变效果：

```
background:-ms-linear-gradient(left,pink,lightblue);
background:-webkit-linear-gradient(left,pink,lightblue);
background:-o-linear-gradient(left,pink,lightblue);
background:-moz-linear-gradient(left,pink,lightblue);
background:linear-gradient(left,pink,lightblue);
```

代码运行结果如图 9-3 所示。

如果需要一个对角线的渐变效果其实也是一样的思路，在设置颜色值之前先设置渐变开始的位置。

例如需要一个从右下角到左上角的渐变效果：

```
background:-ms-linear-gradient(right bottom,pink,lightblue);
background:-webkit-linear-gradient(right bottom,pink,lightblue);
background:-o-linear-gradient(right bottom,pink,lightblue);
background:-moz-linear-gradient(right bottom,pink,lightblue);
background:linear-gradient(right bottom,pink,lightblue);
```

代码运行结果如图 9-4 所示。

图 9-3

图 9-4

如果以上的渐变方式还是觉得不够，也可以使用角度来控制渐变的方向而不是单纯地使用关键字而已。

语法如下：

```
background: linear-gradient(angle, color-stop1, color-stop2);
```

角度是指水平线和渐变线之间的角度，逆时针方向计算。换句话说，0deg 将创建一个从下到上的渐变，90deg 将创建一个从左到右的渐变。可结合图 9-5 帮助理解。

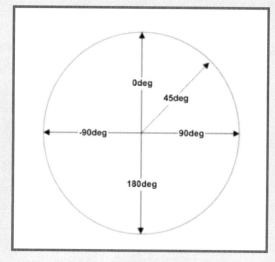

图 9-5

但是，请注意很多浏览器 (Chrome、Safari、Firefox 等) 使用了旧的标准，即 0deg 将创建一个从左到右的渐变，90deg 将创建一个从下到上的渐变。换算公式 90 - x = y， 其中 x 为标准角度，y 为非标准角度。

下面将创建一个 120 度的渐变效果：

```
background:-ms-linear-gradient(120deg,pink,lightblue);
background:-webkit-linear-gradient(120deg,pink,lightblue);
background:-o-linear-gradient(120deg,pink,lightblue);
background:-moz-linear-gradient(120deg,pink,lightblue);
background:linear-gradient(120deg,pink,lightblue);
```

代码运行结果如图 9-6 所示。

图 9-6

如果这样依然不能满足对线性渐变玩法的需求的话，还可以在背景中加入多个颜色控制点，让其完成多种颜色的渐变效果。代码如下：

```
background:-ms-linear-gradient(120deg,pink,lightblue,yellowgreen,red);
background:-webkit-linear-gradient(120deg,pink,lightblue,yellowgreen,red);
background:-o-linear-gradient(120deg,pink,lightblue,yellowgreen,red);
background:-moz-linear-gradient(120deg,pink,lightblue,yellowgreen,red);
background:linear-gradient(120deg,pink,lightblue,yellowgreen,red);
```

代码运行结果如图 9-7 所示。

图 9-7

9.1.3 径向渐变

CSS3 不仅仅提供了简单的线性渐变，还准备了径向渐变的功能。所谓径向渐变其实就是呈圆形地向外进行渐变的操作。径向渐变由它的中心定义渐变的开始颜色点。

若要创建一个径向渐变，则至少定义两种颜色结点。颜色结点，即想要呈现平稳过渡的颜色。同时，也可以指定渐变的中心、形状（圆形或椭圆形）、大小。在默认情况下，渐变的中心是 center（表示在中心点），渐变的形状是 ellipse（表示椭圆形），渐变的大小是 farthest-corner（表示到最远的角落）。

语法如下：

```
background: radial-gradient(center, shape size, start-color, ..., last-color);
```

小试身手——制作一个径向渐变

下面介绍使用 CSS3 制作径向渐变的方法。代码如下：

```
<!DOCTYPE html>
<html lang="en">
<head>
<meta charset="UTF-8">
<title>Document</title>
<style>
div{
width: 200px;
height: 200px;
background:-ms-radial-gradient(pink,lightblue,yellowgreen);
background:-webkit-radial-gradient(pink,lightblue,yellowgreen);
background:-o-radial-gradient(pink,lightblue,yellowgreen);
background:-moz-radial-gradient(pink,lightblue,yellowgreen);
background:radial-gradient(pink,lightblue,yellowgreen);
}
</style>
</head>
<body>
<div></div>
</body>
</html>
```

代码运行结果如图 9-8 所示。

图 9-8

　　以上代码使用的是最简单的径向渐变的实例，从图 9-8 中看出，三种颜色是均匀分布在 div 中的。如果想要的是颜色与颜色的不均匀分布的话，可以设置每种颜色在 div 中所占的比例：

```
background:-ms-radial-gradient(pink 10%,lightblue 70%,yellowgreen 20%);
background:-webkit-radial-gradient(pink 10%,lightblue 70%,yellowgreen 20%);
background:-o-radial-gradient(pink 10%,lightblue 70%,yellowgreen 20%);
background:-moz-radial-gradient(pink 10%,lightblue 70%,yellowgreen 20%);
background:radial-gradient(pink 10%,lightblue 70%,yellowgreen 20%);
```

代码运行结果如图 9-9 所示。

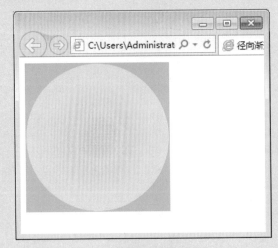

图 9-9

9.2 CSS3 转换

转换是 CSS3 中具有颠覆性的特征之一，可以实现元素的位移、旋转、变形、缩放、甚至支持矩阵方式。在以前想要在网页中做出一些动画效果很多时候都需要借助一些类似于 Flash 的插件才可以完成，但是 CSS3 带来了转换的功能，使得开发再次变得简单起来。

■ 9.2.1 浏览器支持情况

目前 CSS3 转换属性的浏览器支持情况还算理想，基本上绝大部分浏览器都已经支持此属性。IE9 需要加上浏览器厂商前缀 -ms-，IE9 以后的都可以直接使用标准属性了。

如表 9-2 所示是各大浏览器厂商对 CSS3 转换属性的支持情况，表格中的数字表示支持该属性的第一个浏览器版本号。

紧跟在 -webkit-、-ms- 或 -moz- 前的数字为支持该前缀属性的第一个浏览器版本号。

表 9-2

属性	IE	Firefox	Chrome	Safari	Opera
Transform	36.0 4.0 -webkit-	10.0 9.0 -ms-	16.0 3.5 -moz-	3.2 -webkit-	23.0 15.0 -webkit- 12.1 10.5 -o-

■ 9.2.2 2D 转换

CSS3 转换，就是可以移动、比例化、反过来、旋转和拉伸元素。

CSS3 中的 2D 转换的功能有很多，下面就为大家一一讲解。

（1）移动 translate()

translate() 方法，根据左 (X 轴) 和顶部 (Y 轴) 位置给定的参数，从当前元素位置移动到的位置。

小试身手——图像的 2D 效果展示

移动 translate() 的示例代码如下：

```
<!DOCTYPE html>
<html lang="en">
<head>
<meta charset="UTF-8">
<title>2D 转换 </title>
<style>
div{
width: 200px;
height: 200px;
background: #CF3;
}
</style>
</head>
<body>
<div></div>
</body>
</html>
```

代码运行结果如图 9-10 所示。

这时看见的 div 显示在页面中就是它最开始的位置，当对它进行了 2D 转换的移动操作之后，它会改变原来的位置，到达一个新的位置。

示例代码如下：

```
transform: translate(100px,50px);
```

代码的运行效果如图 9-11 所示。

图 9-10

图 9-11

此时这个元素的位置就是之前代码中设置的 100 和 50。

（2）旋转 rotate()

之前在页面中所能得到的盒子模型都是整整齐齐地端坐在页面当中，从来没有得到过一个歪的盒子模型，现在可以使用 CSS3 中的转换对元素进行旋转操作了。

rotate() 方法，在一个给定度数顺时针旋转的元素。负值是允许的，这样是元素逆时针旋转。通过这个方法完成对元素的旋转操作。

小试身手——2D 的旋转效果展示

旋转 rotate() 示例代码如下：

代码的运行效果如图 9-12 所示。

```
<!DOCTYPE html>
<html lang="en">
<head>
<meta charset="UTF-8">
<title> 旋转 rotate()</title>
<style>
div{
width:300px;
height:300px;
background: #CF0;
margin:100px;
}
div:hover{
transform: rotate(45deg);
}
</style>
</head>
<body>
<div></div>
</body>
</html>
```

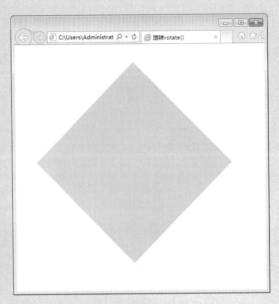

图 9-12

（3）缩放 scale()

scale() 方法：元素增加或减少的大小，取决于宽度（X 轴）和高度（Y 轴）的参数。

通过此方法可以对页面中的元素进行等比例的放大和缩小，还可以指定物体缩放的中心。

小试身手——图像的缩放效果

缩放 scale() 示例代码如下所示。

```
<!DOCTYPE html>
<html lang="en">
<head>
<meta charset="UTF-8">
<title> 缩放 scale()</title>
<style>
div{
width:100px;
height:100px;
background: #9F0;
margin:10px auto;
}
.a1{
transform: scale(1,1);
}
```

```
.b2{
transform: scale(1.5,1);
}
.c3{
transform: scale(0.5);
}
</style>
</head>
<body>
<div class="a1"></div>
<div class="b2"></div>
<div class="c3"></div>
</body>
</html>
```

代码的运行效果如图 9-13 所示。

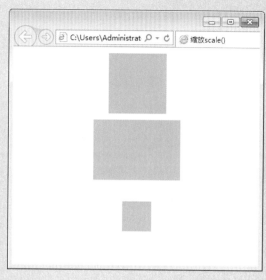

图 9-13

从上述这段代码的运行结果可以看出，为每个 div 都设置了相同的宽高属性，但是因为各自的缩放比例不同，它们显示在页面中的结果也是不一样的。

从上述结果中也可以发现，所有的 div 缩放其实都是从中心进行的，缩放操作的默认中心点就是元素的中心。这个缩放的中心是可以改变的，需要的是 transform-origin 属性。

语法如下：

```
transform-origin: x-axis y-axis z-axis;
```

小试身手——改变缩放的中心点

transform-origin 属性示例代码如下：

```
<!DOCTYPE html>
<html lang="en">
<head>
<meta charset="UTF-8">
<title> transform-origin 属性 </title>
<style>
div{
width: 200px;
height: 200px;
transform-origin: 0 0;
margin:10px auto;
}
.a1{
transform: scale(1,1);
background: blue;
}
.b2{
transform: scale(1.5,1);
background: red;
}
```

```
.c3{
transform: scale(0.5);
background: green;
}
</style>
</head>
<body>
<div class="a1"></div>
<div class="b2"></div>
<div class="c3"></div>
</body>
</html>
```

同样的代码，只是改变了元素转换的位置即可完成类似于柱状图的操作。

代码的运行效果如图 9-14 所示。

图 9-14

（4）倾斜 skew()

包含两个参数值，分别表示 X 轴和 Y 轴倾斜的角度，如果第二个参数为空，则默认为 0，参数为负表示向相反方向倾斜。

语法如下：

```
transform:skew(<angle> [,<angle>]);
```

小试身手——让图片倾斜

倾斜 skew() 示例代码如下：

```
<!DOCTYPE html>
<html lang="en">
<head>
<meta charset="UTF-8">
<title> 倾斜 skew() </title>
<style>
div{
width: 200px;
height: 200px;
margin:10px auto;
}
.a1{
background: blue;
}
.b2{
transform: skew(30deg);
background: red;
}
.c3{
transform: skew(50deg);
background: green;
}
</style>
</head>
<body>
<div class="a1"></div>
<div class="b2"></div>
<div class="c3"></div>
</body>
</html>
```

代码的运行效果如图 9-15 所示。

图 9-15

（5）合并 matrix()

matrix() 方法和 2D 变换方法合并成一个。matrix 方法有 6 个参数，包含旋转、缩放、移动（平移）和倾斜功能。

小试身手——网页中让图片合并

合并 matrix() 的示例代码如下：

```
<!DOCTYPE html>
<html>
<head>
<meta charset="utf-8">
<title> 合并 matrix()</title>
<style>
div
{
width:200px;
height:175px;
background-color: #9F0;
border:1px solid black;
}
div#div2
{
transform:matrix(0.866,0.5,-0.5,0.866,0,0);
-ms-transform:matrix(0.866,0.5,-0.5,0.866,0,0); /* IE 9 */
-webkit-transform:matrix(0.866,0.5,-0.5,0.866,0,0); /* Safari and Chrome */
transform:matrix(0.866,0.5,-0.5,0.866,0,0);
}
</style>
</head>
<body>
<div> 这是合并 matrix() 的用法 .</div>
<div id="div2"> 这是合并 matrix() 的用法 .
</div>
</body>
</html>
```

代码的运行效果如图 9-16 所示。

图 9-16

9.2.3   3D 转换

在 CSS3 中，除了可以使用 2D 转换之外，还可以接着使用 3D 转换来完成酷炫的网页特效。这些操作依然还是依靠 transform 属性来完成的。

（1）rotateX() 方法

rotateX() 方法，围绕其在一个给定度数 X 轴旋转的元素。

这个方法与之前的 2D 转换方法 rotate() 不同的是，rotate() 方式是让元素在平面内的旋转，rotateX() 方法是让元素在孔内旋转，也就是它是让元素在 X 轴上进行旋转的。

小试身手——图片在 X 轴上的 3D 转换效果

rotateX() 方法示例代码如下：

```html
<!DOCTYPE html>
<html lang="en">
<head>
<meta charset="UTF-8">
<title>rotateX() 方法 </title>
<style>
div{
width: 200px;
height: 200px;
background: green;
margin:20px;
color:#fff;
font-size: 50px;
line-height: 200px;
text-align: center;
transform-origin: 0 0 ;
float: left;
}
.d1{
transform: rotateX(40deg);
}
</style>
</head>
<body>
<div>3D 旋转 </div>
<div class="d1">3D 旋转 </div>
</body>
</html>
```

代码的运行效果如图 9-17 所示。

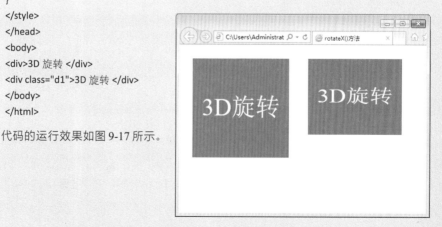

图 9-17

（2）**rotateY() 方法**

rotateY() 方法，围绕其在一个给定度数 Y 轴旋转的元素。

接着上一节的案例往下做，看看它们之间的区别。

小试身手——图像在 Y 轴上的转换效果

rotateY() 方法示例代码如下：

```
<!DOCTYPE html>
<html lang="en">
<head>
<meta charset="UTF-8">
<title>rotateY() 方法 </title>
<style>
div{
width: 170px;
height: 170px;
background: green;
margin:20px;
color:#fff;
font-size: 50px;
line-height: 200px;
text-align: center;
transform-origin: 0 0 ;
float: left;
}
.d1{
transform: rotateX(40deg);
}
.d2{
transform: rotateY(50deg);
}
</style>
</head>
<body>
<div>3D 旋转 </div>
<div class="d1">3D 旋转 </div>
<div class="d2">3D 旋转 </div>
</body>
</html>
```

代码的运行效果如图 9-18 所示。

（3）**transform-style 属性**

规定元素如何在 3D 空间中显示。

语法如下：

```
transform-style: flat|preserve-3d;
```

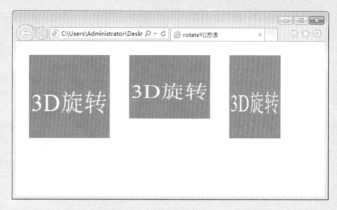

图 9-18

transform-style 属性的值可以是以下两种。

- flat：表示所有子元素在 2D 平面呈现。
- preserve-3d：表示所有子元素在 3D 空间中呈现。

小试身手——图像在 3D 空间中显示

transform-style 属性示例代码如下：

```
<!DOCTYPE html>
<html>
<head>
<meta charset="utf-8">
<title> transform-style 属性 </title>
<style>
#d1
{
position: relative;
height: 200px;
width: 200px;
margin: 100px;
padding:10px;
border: 1px solid black;
}
#d2
{
padding:50px;
position: absolute;
border: 1px solid black;
background-color: #F66;
transform: rotateY(60deg);
transform-style: preserve-3d;
-webkit-transform: rotateY(60deg); /* Safari and Chrome */
-webkit-transform-style: preserve-3d; /* Safari and Chrome */
}
```

```
#d3
{
padding:40px;
position: absolute;
border: 1px solid black;
background-color: green;
transform: rotateY(-60deg);
-webkit-transform: rotateY(-60deg); /* Safari and Chrome */
}
</style>
</head>
<body>
<div id="d1">
<div id="d2">HELLO
<div id="d3">world</div>
</div>
</div>
</body>
</html>
```

代码的运行效果如图 9-19 所示。

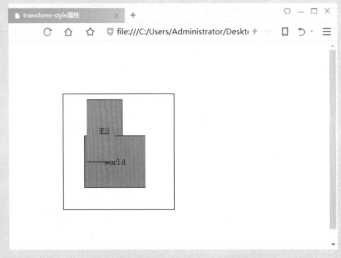

图 9-19

（4）perspective 属性

多少像素的 3D 元素是从视图的 perspective 属性定义的。这个属性允许改变 3D 元素是怎样查看透视图的。定义时的 perspective 属性，它是一个元素的子元素透视图，而不是元素本身。

语法如下：

```
 perspective: number|none;
```

perspective 属性的值可以是以下两种：

- number：元素距离视图的距离，以像素计。

● none：默认值，与 0 相同，不设置透视。

perspective-origin 属性定义 3D 元素所基于的 X 轴和 Y 轴，该属性允许改变 3D 元素的底部位置。

当为元素定义 perspective-origin 属性时，其子元素会获得透视效果，而不是元素本身。该属性必须与 perspective 属性一同使用，而且只影响 3D 转换元素。

语法如下：

perspective-origin: x-axis y-axis;

小试身手——查看透视图效果

perspective-origin 属性示例代码如下：

```
<!DOCTYPE html>
<html>
<head>
<meta charset="utf-8">
<title> perspective-origin 属性 </title>
<style>
#div1{
position: relative;
height: 150px;
width: 150px;
margin: 50px;
padding:10px;
border: 1px solid black;
perspective:150;
-webkit-perspective:150; /* Safari and Chrome */
}
#div2{
padding:50px;
position: absolute;
border: 1px solid black;
background-color: #9F3;
transform: rotateX(30deg);
-webkit-transform: rotateX(45deg); /* Safari and Chrome */
}
</style>
</head>
<body>
<div id="div1">
<div id="div2">CSS3   3D 转换 </div>
</div>
</body>
</html>
```

代码运行的效果如图 9-20 所示。

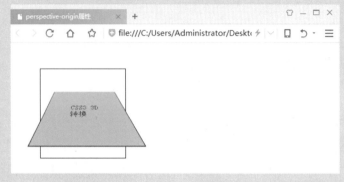

图 9-20

（5）backface-visibility

backface-visibility 属性定义当元素不面向屏幕时是否可见。

如果在旋转元素不希望看到其背面时，该属性很有用。

语法如下：

```
backface-visibility: visible|hidden;
```

backface-visibility 属性的值可以是以下两种。

- visible：背面是可见的。
- hidden：背面是不可见的。

9.3 课堂练习

利用本章学习的知识制作出如图 9-21 所示的太极图，图是运动的，根据 @-webkit-keyframes 的属性知识可以完成运动效果。

图 9-21

在图 9-21 中，太极图是按照中心点做圆周运动，代码如下：

```
<!doctype html>
<html>
<head>
<meta charset="utf-8">
<title> 太极图 </title>
<style>
.box-taiji {width:0;height:400px;position:relative;margin:50px auto;border-left:200px
solid #000;border-right:200px solid #fff;box-shadow:0 0 30px rgba(0,0,0,.5);border-
radius:400px;animation:rotation 2.5s linear infinite;-webkit-animation:rotation 2.5s linear infinite;-
moz-animation:rotation 2.5s linear infinite;}
.box-taiji:before,
.box-taiji:after {position:absolute;content:"";display:block;}
.box-taiji:before {width:200px;height:200px;top:0;left:-100px;z-index:1;background-
color:#fff;border-radius:50%;box-shadow:0 200px 0 #000;}
.box-taiji:after {width:60px;height:60px;top:70px;left:-30px;z-index:2;background-
color:#000;border-radius:50%;box-shadow:0 200px 0 #fff;}
@keyframes rotation {
    0% {transform:rotate(0deg);}
    100% {transform:rotate(-360deg);}
}
@-webkit-keyframes rotation {
    0% {-webkit-transform:rotate(0deg);}
    100% {-webkit-transform:rotate(-360deg);}
}
@-moz-keyframes rotation {
    0% {-moz-transform:rotate(0deg);}
    100% {-moz-transform:rotate(-360deg);}
}
</style>
</head>
<body>
<div class="box-taiji"></div>
</body>
</html>
```

强化训练

本章强化训练没有使用 JavaScript 或者 SVG 等技术，仅仅利用了本章介绍的各种 2D 转换属性进行设计，即采用变换属性中的倾斜，然后旋转定义边框的长方形，通过 3 个旋转立方体面结合起来形成一个三维对象，效果如图 9-22 所示。

图 9-22

操作提示

在此练习中首先固定定位盒子的包含框，统一盒子三个立面的尺寸，接着绝对定位盒子三个立面，需要告诉大家的是左侧面 Y 轴倾斜 30 度，右侧面 Y 轴倾斜 30 度，并翻转。顶侧面 Y 轴倾斜 30 度，并翻转，同时放大显示。

HTML 代码部分提示如右：

后面的代码需要单独完成。

```
<!DOCTYPE html>
<html lang="en">
<head>
<meta charset="UTF-8">
<title>Document</title>
<style>
</style>
</head>
<body>
<div class="box">
<img src=" top.jpg">
<img src=" left.jpg">
<img src=" right.jpg">
</div>
</body>
</html>
```

本章结束语

本章主要讲解了关于 CSS3 渐变的内容，包括了线性渐变和径向渐变和关于 CSS3 中转换的功能。从 2D 转换开始讲起，包括了移动、缩放、旋转等，讲到 3D 转换的部分结束。也为大家讲解了这些渐变衍生出来的更多的灵活操作，有了 CSS3 渐变和转换功能，相信大家以后在工作中，开发会变得更加灵活自由。

CHAPTER 10
让设计更加灵活

本章概述 SUMMARY

盒子模型使得 DIV+CSS 布局在 Web 页面当中如鱼得水，传统的盒子模型几乎可以满足任何 PC 端的页面布局需求。可是在今天的移动互联网时代，传统的 DIV+CSS 布局已经不能很好地满足在移动端的页面需求了。CSS3 带来了弹性盒子，这种盒子模型不仅可以在 PC 端完成布局，还可以在移动端得到想要的布局。

■ 学习目标
了解 CSS 中的盒子简介和边距设置。
掌握 CSS3 弹性盒子对浏览器的支持情况。
学会弹性盒子的内容及对子父级容器的设置。

■ 课时安排
理论知识 1 课时。
上机练习 1 课时。

知识导图：

10.1　盒子模型

对盒子模型最常用的操作就是使用内外边距，同时这也是 DIV+CSS 布局中最经典的操作。

10.1.1　CSS 中的盒子简介

网页设计中常见的属性名：内容 (content)、填充 (padding)、边框 (border)、边界 (margin)，CSS 盒子模型都具备这些属性。这些属性可以把它转移到日常生活中的盒子（箱子）上来理解，它也具有这些属性，所以叫它盒子模型。

如图 10-1 所示是盒子模型的示意图。

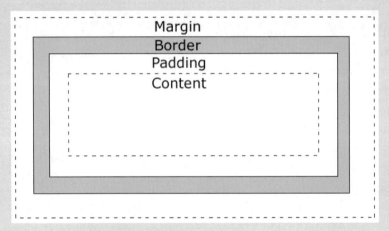

图 10-1

10.1.2　外边距设置

设置外边距最简单的方法就是使用 margin 属性。margin 边界环绕在该元素的 content 区域四周，如果 margin 的值为 0，则 margin 边界与 border 边界重合。这个简写属性设置一个元素所有外边距的宽度，或者设置各边上外边距的宽度。

该属性接收任何长度单位，可以是像素、毫米、厘米等，也可以设置为 auto（自动）。常见做法是为外边距设置长度值，允许使用负值。

表 10-1

属性	定　义
margin	简写属性。在一个声明中设置所有的外边距属性
margin-top	设置元素的上边距
margin-right	设置元素的右边距
margin-bottom	设置元素的下边距
margin-left	设置元素的左边距

示例（1）：

margin:10px 5px 15px 20px;

上外边距是 10px

右外边距是 5px

下外边距是 15px

左外边距是 20px

以上代码 margin 的值是按照上、右、下、左顺序进行设置的，即从上边距开始按照顺时针方向旋转。

示例（2）：

margin:10px 5px 15px;

上外边距是 10px

右外边距和左外边距是 5px

下外边距是 15px

示例（3）：

margin:10px 5px;

上外边距和下外边距是 10px

右外边距和左外边距是 5px

示例（4）：

margin:10px;

上下左右边距都是 10px

小试身手——外边距的设置方法

外边距设置的具体代码如下：

```
<!DOCTYPE html>
<html lang="en">
<head>
<meta charset="UTF-8">
<title>Document</title>
<style>
div{
width: 100px;
height: 100px;
border:2px green solid;
}
.d2{
margin-top: 20px;
margin-right: auto;
margin-bottom: 40px;
margin-left: 10px;
}
</style>
</head>
<body>
<div class="d1"></div>
<div class="d2"></div>
<div class="d3"></div>
</body>
</html>
```

代码运行结果如图 10-2 所示。

图 10-2

以上设置了第二个 div 的外边距为上：20px，右：自动，下：40px，左：10px；这种写法可以简写为：

```
.d2{
margin:20px auto 40px 10px;
}
```

外边距除了这样简单的使用之外，还可以利用外边距让块级元素进行水平居中的操作。具体实现思路就是上下边距不论，只需要让左右边距自动即可。

代码如下：

```
<!DOCTYPE html>
<html lang="en">
<head>
<meta charset="UTF-8">
<title>Document</title>
<style>
div{
width: 100px;
height: 100px;
border:2px green solid;
}
.d2{
margin:20px auto;
}
.d3{
width: 400px;
height: 300px;
}
.d4{
margin:10px auto;
}
</style>
</head>
<body>
<div class="d1"></div>
<div class="d2"></div>
<div class="d3">
<div class="d4"></div>
</div>
</body>
</html>
```

代码运行结果如图 10-3 所示。

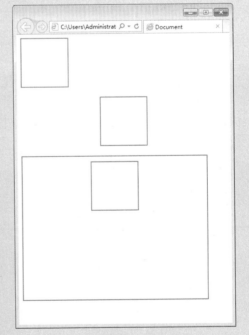

图 10-3

以上这段代码设置了第二个 div 进行页面的居中显示，在第三个 div 中又嵌套了一个 div，并且也设置了居中的操作。

10.1.3 外边距合并

外边距合并（叠加）是一个很简单的概念，但是，在实践中对网页进行布局时，它会造成许多混淆。

简单地说，外边距合并指的是，当两个垂直外边距相遇时，它们将形成一个外边距。合并后的外边距的高度等于两个发生合并的外边距的高度中的较大者。

当一个元素出现在另一个元素上面时，第一个元素的下外边距与第二个元素的上外边距会发生合并，如图 10-4 所示。

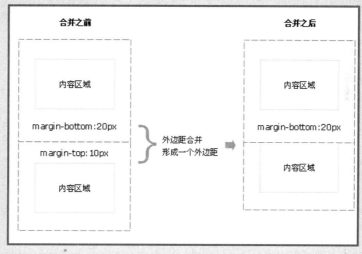

图 10-4

当一个元素包含在另一个元素中时（假设没有内边距或边框把外边距分隔开），它们的上或下外边距也会发生合并，如图 10-5 所示。

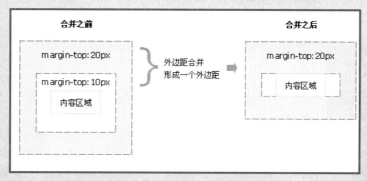

图 10-5

尽管看上去有些奇怪，但是外边距可以与自身发生合并。

假设有一个空元素，它有外边距，但是没有边框或填充。在这种情况下，上外边距与下外边距就碰到了一起，它们会发生合并。

小试身手——合并外边距

设置外边距的具体代码如下：

```
<!DOCTYPE html>
<html lang="en">
<head>
<meta charset="UTF-8">
<title>Document</title>
<style>
.container{
width: 300px;
height: 300px;
margin:50px;
background: pink;
}
.content{
width: 150px;
height: 150px;
margin:30px;
background: green;
}
</style>
</head>
<body>
<div class="container">
<div class="content"></div>
</div>
</body>
</html>
```

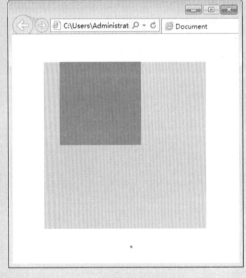

图 10-6

代码运行结果如图 10-6 所示。

以上代码中对容器 div 和内容 div 分别设置了外边距，但是父级 div 的边距要大于子级 div 的边距，这时它们的外边距也产生了合并的现象。其实在页面布局当中有时候是不希望发生这种外边距合并的现象的，尤其是在父级元素与子级元素产生外边距合并的时候。通过一个很简单的小技巧即可消除外边距带来的困扰。

消除外边距合并的代码如下：

```
<!DOCTYPE html>
<html lang="en">
<head>
<meta charset="UTF-8">
<title>Document</title>
<style>
.container{
width: 500px;
height: 500px;
margin:50px;
background: pink;
```

```
border:1px solid blue;
}
.content{
width: 200px;
height: 200px;
margin:30px;
background: green;
}
</style>
</head>
<body>
<div class="container">
<div class="content"></div>
</div>
</body>
</html>
```

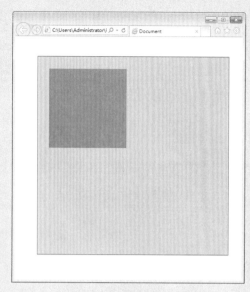

代码运行结果如图 10-7 所示。

图 10-7

    上面这段代码只是对父级容器添加了一个 1px 的边框即可解决外边距合并的问题，是不是感觉非常简单？

    外边距合并的现象其实也是有其必要性的。p 标签段落元素与生俱来就是拥有上下 8px 的外边距的，因为外边距的合并也是使得一系列段落元素占用空间非常小的原因。它们的所有外边距都合并到一起，形成了一个小的外边距。

    以由几个段落组成的典型文本页面为例（图 10-8）。第一个段落上面的空间等于段落的上外边距。如果没有外边距合并，后续所有段落之间的外边距都将是相邻上外边距和下外边距的和。这意味着段落之间的空间是页面顶部的两倍。如果发生外边距合并，段落之间的上外边距和下外边距就合并在一起，这样各处的距离就一致了。

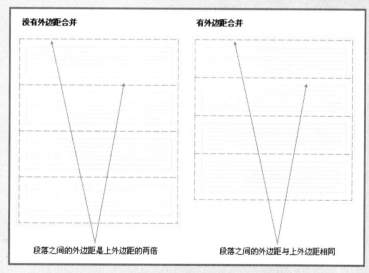

图 10-8

■ 10.1.4 内边距设置

元素的内边距在边框和内容区之间，控制该区域最简单的属性是 padding 属性。
padding 属性定义元素边框与元素内容之间的空白区域。

padding 属性定义元素的内边距，接受长度值或百分比值，但不允许使用负值。

例如，如果希望所有 h1 元素的各边都有 10px 的内边距，代码只需要这样设置：

h1 {padding: 10px;}

还可以按照上、右、下、左的顺序分别设置各边的内边距，各边均可以使用不同的单位或百分比值：

h1 {padding: 10px 0.25em 2ex 20%;}

也可以通过使用下面四个单独的属性，分别设置上、右、下、左内边距：

padding-top   padding-right

padding-bottom   padding-left

下面的规则实现的效果与上面的简写规则是完全相同的：

h1 {
padding-top: 10px;
padding-right: 0.25em;
padding-bottom: 2ex;
padding-left: 20%;
}

前面提到过，可以为元素的内边距设置百分数值。百分数值是相对于其父元素的 width 计算的，这一点与外边距一样。所以，如果父元素的 width 改变，它们也会改变。

下面这条规则把段落的内边距设置为父元素 width 的 10%：

p {padding: 10%;}

例如：如果一个段落的父元素是 div 元素，那么它的内边距要根据 div 的 width 计算。

```
<div style="width: 200px;">
<p>This paragragh is contained within a DIV that has a width of 200 pixels.</p>
</div>
```

注意：上下内边距与左右内边距一致；即上下内边距的百分数会相对于父元素宽度设置，而不是相对于高度。

10.2 弹性盒子

弹性盒子由弹性容器 (flex container) 和弹性盒子元素 (flex item) 组成，它是通过设置 display 属性的值为 flex 或 inline-flex 将其定义为弹性容器。弹性容器内包含了一个或多个弹性子元素。弹性盒子只定义了弹性子元素如何在弹性容器内布局，弹性子元素通常在弹性盒子内一行显示，默认情况下每个容器只有一行。

■ 10.2.1　弹性盒子基础

弹性盒子是 CSS3 的一种新的布局模式。

CSS3 弹性盒（flexible box 或 flex-box），是一种当页面需要适应不同的屏幕大小以及设备类型时确保元素拥有恰当的行为的布局方式。

引入弹性盒布局模型的目的是提供一种更加有效的方式来对一个容器中的子元素进行排列、对齐和分配空白空间。

传统的 div+css 布局方案是依赖于盒子模型的，基于 display 属性，如果需要的话还会用上 position 属性和 float 属性。但是这些属性想要应用于特殊布局非常困难，比如垂直居中，还有就是这些属性对新手来说也是及其不友好，很多新手都弄不清楚 absolute 和 relative 的区别，以及它们应用于元素时这些元素的 top、left 等值到底是相对于页面还是父级元素来进行定位的。

而在 2009 年，W3C 提出了一种新的方案——flex 布局。Flex 布局可以更加简便地、响应式地、完整地实现各种页面布局方案。Flex，单从单词的字面上来看是收缩的意思，但是在 CSS3 当中却有弹性的意思。flex-box：弹性盒子，用于给盒子模型以最大的灵活性。而任何一个容器都可以设置成一个弹性盒子，但是需要注意的是，设为 Flex 布局以后，子元素的 float、clear 和 vertical-align 属性将失效。

■ 10.2.2　浏览器支持情况

目前所有的主流浏览器都已经支持了 CSS3 弹性盒子，IE 从 IE11 版本开始也支持了，这意味着其实在很多的浏览器中使用 flex-box 布局都是安全可靠的。

如表 10-2 所示是各大浏览器厂商对 flex-box 布局的支持情况。

表格中的数字表示支持该属性的第一个浏览器的版本号。

紧跟在数字后面的 -webkit- 或 -moz- 为指定浏览器的前缀。

表 10-2

属　　性	Chrome	IE	Firefox	Safari	Opera
basic support (single-line flexbox)	29.0 21.0 -webkit-	11.0	22.0 18.0 -moz-	6.1 -webkit-	12.1 -webkit-
multi-line flexbox	29.0 21.0 -webkit-	11.0	28.0	6.1 -webkit-	17.0 15.0 -webkit- 12.1

■ 10.2.3　对父级容器的设置

可以通过对父级元素进行一系列的设置从而起到约束子级元素排列布局的目的。可以对父级元素设置的属性有以下几种。

（1）flex-direction

flex-direction 属性规定灵活项目的方向。

如果元素不是弹性盒对象的元素，则 flex-direction 属性不起作用。

CSS 语法：

flex-direction: row|row-reverse|column|column-reverse|initial|inherit;

flex-direction 属性的值如表 10-3 所示。

表 10-3

值	描　述
row	默认值。灵活的项目将水平显示，正如一个行一样
row-reverse	与 row 相同，但是以相反的顺序
column	灵活的项目将垂直显示，正如一个列一样
column-reverse	与 column 相同，但是以相反的顺序
initial	设置该属性为它的默认值
inherit	从父元素继承该属性

下面通过案例来帮助大家理解此属性。

小试身手——设定项目的方向

设定项目方向的示例代码如下：

```
<!DOCTYPE html>
<html lang="en">
<head>
<meta charset="UTF-8">
<title>Document</title>
<style>
.container{
width: 1200px;
height: 200px;
border:5px green solid;
}
.content{
width: 100px;
height: 100px;
background: lightpink;
color:#fff;
font-size: 50px;
text-align: center;
line-height: 100px;
}
</style>
</head>
<body>
<div class="container">
<div class="content">1</div>
<div class="content">2</div>
<div class="content">3</div>
<div class="content">4</div>
<div class="content">5</div>
</div>
</body>
</html>
```

此时，并没有对父级 div 元素做任何关于弹性盒子布局的设置，所以得到的结果也是正常结果，如图 10-9 所示。

图 10-9

在传统的布局中如果需要粉色的子级 div 进行横向排列，大多都会使用 float 属性，但是都知道 float 属性会改变元素的文档流，有时甚至会造成"高度塌陷"的后果。所以使用起来其实不是很方便。但是，如果使用了 flex-direction 属性来布局的话，则会变得非常简单。

CSS 代码如下：

```
display: flex;
```

代码运行结果如图 10-10 所示。

图 10-10

（2）justify-content

内容对齐（justify-content）属性应用在弹性容器上，把弹性项沿着弹性容器的主轴线（main axis）对齐。

语法如下：

```
justify-content: flex-start | flex-end | center | space-between | space-around
```

justify-content 属性的值可以是以下几种。

- flex-start：默认值。项目位于容器的开头。弹性项目向行头紧挨着填充。这个是默认值。第一个弹性项的 main-start 外边距边线被放置在该行的 main-start 边线，而后续弹性项依次平齐摆放。
- flex-end：项目位于容器的结尾。弹性项目向行尾紧挨着填充。第一个弹性项的 main-end 外边距边线被放置在该行的 main-end 边线，而后续弹性项依次平齐摆放。

- center：项目位于容器的中心。弹性项目居中紧挨着填充（如果剩余的自由空间是负的，则弹性项目将在两个方向上同时溢出）。
- space-between：项目位于各行之间留有空白的容器内。弹性项目平均分布在该行上。如果剩余空间为负或者只有一个弹性项，则该值等同于 flex-start。否则，第 1 个弹性项的外边距和行的 main-start 边线对齐，而最后 1 个弹性项的外边距和行的 main-end 边线对齐，然后剩余的弹性项分布在该行上，相邻项目的间隔相等。
- space-around：项目位于各行之前、之间、之后都留有空白的容器内。弹性项目平均分布在该行上，两边留有一半的间隔空间。如果剩余空间为负或者只有一个弹性项，则该值等同于 center。否则，弹性项目沿该行分布，且彼此间隔相等（比如是 20px），同时首尾两边和弹性容器之间留有一半的间隔（1/2×20px=10px）。
- initial：设置该属性为它的默认值。
- inherit：从父元素继承该属性。

小试身手——弹性容器的对齐方式

justify-content 属性各个值的区别的代码如下：

```
<!DOCTYPE html>
<html lang="en">
<head>
<meta charset="UTF-8">
<title>Document</title>
<style>
.container{
width: 1200px;
height: 800px;
border:5px red solid;
display:flex;
justify-content: flex-start;
justify-content: flex-end;
justify-content: center;
justify-content: space-between;
justify-content: space-around;
}
.content{
width: 100px;
height: 100px;
background: lightpink;
color:#fff;
font-size: 50px;
text-align: center;
line-height: 100px;
}
</style>
</head>
```

```
<body>
<div class="container">
<div class="content">1</div>
<div class="content">2</div>
<div class="content">3</div>
<div class="content">4</div>
<div class="content">5</div>
</div>
</body>
</html>
```

每个值的执行结果如图 10-11 ～图 10-15 所示。

图 10-11（默认值 flex-start）

图 10-12（flex-end）

图 10-13（center）

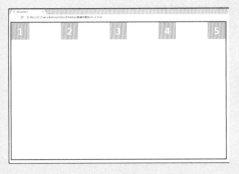

图 10-14（space-between）

图 10-15（space-around）

（3）align-items

align-items 设置或检索弹性盒子元素在侧轴（纵轴）方向上的对齐方式。

语法如下：

align-items: flex-start | flex-end | center | baseline | stretch

各个值解析如下。

- flex-start：弹性盒子元素的侧轴（纵轴）起始位置的边界紧靠住该行的侧轴起始边界。
- flex-end：弹性盒子元素的侧轴（纵轴）起始位置的边界紧靠住该行的侧轴结束边界。

- center：弹性盒子元素在该行的侧轴（纵轴）上居中放置（如果该行的尺寸小于弹性盒子元素的尺寸，则会向两个方向溢出相同的长度）。
- baseline：如弹性盒子元素的行内轴与侧轴为同一条，则该值与 "flex-start" 等效。在其他情况下，该值将参与基线对齐。
- stretch：如果指定侧轴大小的属性值为 "auto"，则其值会使项目的边距盒的尺寸尽可能接近所在行的尺寸，但同时会遵循 "min/max-width/height" 属性的限制。

下面通过案例来帮助大家理解 align-items 属性各个值之间的区别。

小试身手——设置 X 轴上的对齐方式

在 X 轴上的对齐方式的示例代码如下：

```
<!DOCTYPE html>
<html lang="en">
<head>
<meta charset="UTF-8">
<title>Document</title>
<style>
.container{
width: 1200px;
height: 500px;
border:5px red solid;
display:flex;
justify-content: space-around;
align-items: flex-start;
}
.content{
width: 100px;
height: 100px;
background: lightpink;
color:#fff;
font-size: 50px;
text-align: center;
line-height: 100px;
}
.c1{
height: 100px;
}
.c2{
height: 150px;
}
.c3{
height: 200px;
}
.c4{
height: 250px;
}
.c5{
height: 300px;
}
</style>
```

```
</head>
<body>
<div class="container">
<div class="content c1">1</div>
<div class="content c2">2</div>
<div class="content c3">3</div>
<div class="content c4">4</div>
<div class="content c5">5</div>
</div>
</body>
</html>
```

各个值的运行结果如图 10-16 ～图 10-20 所示。

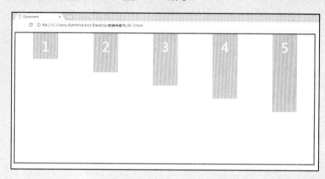

图 10-16（默认值 flex-start）

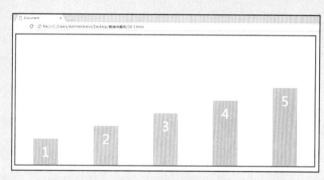

图 10-17（flex-end）

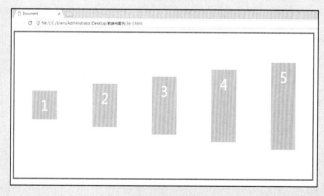

图 10-18（center）

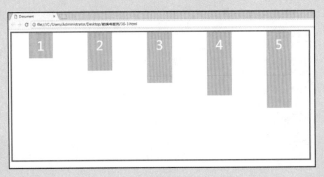

图 10-19（baseline）

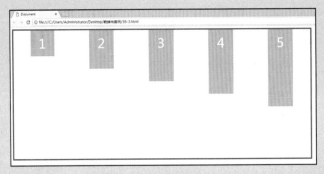

图 10-20（stretch）

（4）flex-wrap

flex-wrap 属性规定 flex 容器是单行或者多行，同时横轴的方向决定了新行堆叠的方向。

提示：如果元素不是弹性盒对象的元素，则 flex-wrap 属性不起作用。

语法如下：

```
flex-wrap: nowrap|wrap|wrap-reverse|initial|inherit;
```

各个值解析如下。

- nowrap：默认，弹性容器为单行。该情况下弹性子项可能会溢出容器。
- wrap：弹性容器为多行。该情况下弹性子项溢出的部分会被放置到新行，子项内部会发生断行。
- wrap-reverse：反转 wrap 排列。

下面通过案例来帮助大家理解 flex-wrap 属性。

小试身手——使用 flex-wrap 属性规定容器的行

代码如下：

```
<!DOCTYPE html>
<html lang="en">
<head>
<meta charset="UTF-8">
<title>Document</title>
```

```
<style>
.container{
width: 500px;
height: 500px;
border:5px red solid;
display:flex;
justify-content: space-around;
flex-wrap: nowrap;
}
.content{
width: 100px;
height: 100px;
background: lightpink;
color:#fff;
font-size: 50px;
text-align: center;
line-height: 100px;
}
</style>
</head>
<body>
<div class="container">
<div class="content">1</div>
<div class="content">2</div>
<div class="content">3</div>
<div class="content">4</div>
<div class="content">5</div>
<div class="content">6</div>
<div class="content">7</div>
<div class="content">8</div>
<div class="content">9</div>
<div class="content">10</div>
</div>
</body>
</html>
```

代码运行结果如图 10-21 所示。

图 10-21

通过以上代码运行结果可以看出，在默认属性值 nowrap 的作用下，即便是内容已经完全被压缩了也不会进行换行操作，所以希望内容正常地显示在容器内的话可以添加 CSS 代码。

添加的 CSS 代码如下：

```
flex-wrap: wrap;
```

代码运行结果如图 10-22 所示。

图 10-22

（5）align-content

align-content 属性用于修改 flex-wrap 属性的行为。类似于 align-items，但它不是设置弹性子元素的对齐，而是设置各个行的对齐。

语法如下：

```
align-content: flex-start | flex-end | center | space-between | space-around | stretch
```

各个值解析如下。

- stretch：默认。各行将会伸展以占用剩余的空间。
- flex-start：各行向弹性盒容器的起始位置堆叠。
- flex-end：各行向弹性盒容器的结束位置堆叠。
- center：各行向弹性盒容器的中间位置堆叠。
- space-between：各行在弹性盒容器中平均分布。
- space-around：各行在弹性盒容器中平均分布，两端保留子元素与子元素之间间距大小的一半。

10.2.4　对子级内容的设置

flex-box 布局不仅仅是对父级容器的设置而已，对于子级元素也可以设置它们的属性。本节要为大家介绍的属性有 flex（属性用于指定弹性子元素如何分配空间）和 order（用整数值来定义排列顺序，数值小的排在前面）。

（1）flex

flex 属性用于设置或检索弹性盒模型对象的子元素如何分配空间，它是 flex-grow、flex-shrink 和 flex-basis 属性的简写属性。如果元素不是弹性盒模型对象的子元素，则 flex 属性不起作用。其语法描述如下：

```
flex: flex-grow flex-shrink flex-basis|auto|initial|inherit;
```

flex 属性的值可以是以下几种。

- flex-grow：一个数字，规定项目将相对于其他灵活的项目进行扩展的量。
- flex-shrink：一个数字，规定项目将相对于其他灵活的项目进行收缩的量。
- flex-basis：项目的长度。合法值："auto"、"inherit" 或一个后跟 "%"、"px"、"em" 或任何其他长度单位的数字。
- auto：与 1 1 auto 相同。
- none：与 0 0 auto 相同。
- initial：设置该属性为它的默认值，即为 0 1 auto。
- inherit：从父元素继承该属性。

下面通过一个案例帮助大家理解 flex 属性。

小试身手——分配子元素的空间

```html
<!DOCTYPE html>
<html lang="en">
<head>
<meta charset="UTF-8">
<title>Document</title>
<style>
.container{
width: 500px;
height: 500px;
border:5px green solid;
display:flex;
/*justify-content: space-around;*/
flex-wrap: wrap;
}
.content{
height: 100%;
background: lightpink;
color:#fff;
font-size: 50px;
text-align: center;
line-height: 100px;
}
.c2{
background: lightblue;
}
.c3{
background: yellowgreen
}
</style>
</head>
<body>
<div class="container">
<div class="content c1">1</div>
<div class="content c2">2</div>
<div class="content c3">3</div>
<div class="content c4">45678910</div>
</div>
</body>
</html>
```

代码运行结果如图 10-23 所示。

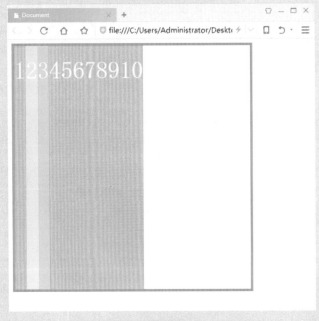

图 10-23

此时所看见的结果是所有的子级 div 宽度都是由自身的内容决定的，如果想要它们可以平均分配父级容器的空间，则需要为它们添加 CSS 代码：

flex: 1;

代码运行结果如图 10-24 所示。

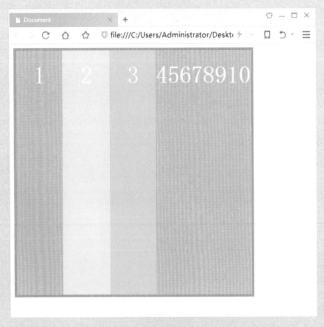

图 10-24

（2）order

order 属性设置或检索弹性盒模型对象的子元素出现的顺序。

提示：如果元素不是弹性盒对象的子元素，则 order 属性不起作用。

语法如下：

order: number|initial|inherit;

order 属性的值可以是以下几种。

- number：默认值是 0。规定灵活项目的顺序。
- initial：设置该属性为它的默认值。
- inherit：从父元素继承该属性。

通过案例来帮助大家来理解 order 属性。

小试身手——设置子元素出现的顺序

```html
<!DOCTYPE html>
<html lang="en">
<head>
<meta charset="UTF-8">
<title>Document</title>
<style>
.container{
width: 500px;
height: 500px;
border:5px red solid;
display:flex;
justify-content: space-around;
}
.content{
width: 100px;
height: 100px;
background: lightpink;
color:#fff;
font-size: 50px;
text-align: center;
line-height: 100px;
}
.c2{
background: lightblue;
}
.c3{
background: yellowgreen;
}
.c4{
background: coral;
}
</style>
</head>
<body>
```

```
<div class="container">
<div class="content c1">1</div>
<div class="content c2">2</div>
<div class="content c3">3</div>
<div class="content c4">4</div>
</div>
</body>
</html>
```

代码运行结果如图 10-25 所示。

图 10-25

以上代码未对子级 div 设置 order 属性，现在也是正常显示在页面中，当对子级 div 加入了 CSS 代码 order 属性之后，再看一下它们的排列顺序。

代码如下：

```
.c1{
order:3;
}
.c2{
background: lightblue;
order:1;
}
.c3{
background: yellowgreen;
order:4;
}
.c4{
background: coral;
order:2;
}
```

代码运行结果如图 10-26 所示。

图 10-26

10.3　课堂练习

根据下面两个图所示，联系弹性盒子知识，制作出相同的显示效果。

没有拉伸浏览器的效果，如图 10-27 所示。

浏览器拉伸的效果，如图 10-28 所示。

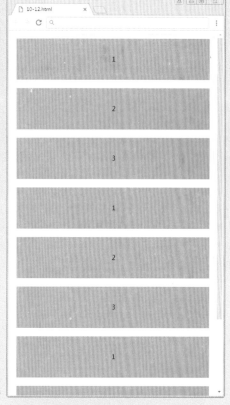

图 10-27

图 10-28

制作出上面两图的效果代码如下：

```
<!DOCTYPE html>
<html>
<head>
<meta charset="utf-8">
<title></title>
<style>
.flex-container {
    display: -webkit-flex;
    display: flex;
    width: 100%;
    overflow: hidden;
    margin: 0 auto;
    border: 1px solid    lightgrey;
    flex-wrap: wrap;
}

.flex-item {
    background-color: green;
    width: 380px;
    height: 100px;
    line-height: 100px;
    margin: 10px;
    text-align: center;
    flex-grow:1;
}
</style>
</head>
<body>

<div class="flex-container">
  <div class="flex-item">1</div>
  <div class="flex-item">2</div>
  <div class="flex-item">3</div>
  <div class="flex-item">1</div>
  <div class="flex-item">2</div>
  <div class="flex-item">3</div>
  <div class="flex-item">1</div>
  <div class="flex-item">2</div>
  <div class="flex-item">3</div>
</div>
</body>
</html>
```

强化训练

多级菜单的设计方法有很多种，一般使用 JavaScript 来实现效果，也可以使用 CSS2 设计多级菜单，但是兼容性比较差，实战时使用比较少。下面完全使用 CSS3 来设计一个比较经典的下拉菜单。

练习的设计效果如图 10-29 所示。

图 10-29

操作提示

本章的强化练习综合运用了 CSS3 的渐变、文字阴影和盒子阴影等技术。下面给大家提示部分操作代码。

提示的 HTML 部分代码如右所示：

```html
<ul id="nav">
<li class="current"><a href="#"> 首页 </a>
</li>
<li><a href="#"> 新闻　>></a>
<ul>
<li><a href="#"> 国际新闻 </a></li>
<li><a href="#"> 国内新闻 >></a>
<ul>
<li><a href="#"> 地方新闻 </a></li>
<li><a href="#"> 科技新闻　>></a>
<ul>
<li><a href="#"> 移动互联网发展趋势 </a>
</li>
<li><a href="#"> 云计算 </a></li>
</ul>
</li>
</ul>
</li>
</ul>
</li>
<li><a href="#"> 论坛 </a></li>
<li><a href="#"> 微博 </a></li>
</ul>
```

本章结束语

　　本章为大家讲解了关于 CSS3 弹性盒子的知识，包括了对父级容器的属性和子级元素的设置，每个属性都对应着相应的 CSS 规则。相信大家通过本章的学习，在以后的布局当中能够拿出更多的方案和更好的解决手段。

CHAPTER 11
CSS3 设计动画

本章概述 SUMMARY

CSS3 动画又是一个颠覆性的技术，之前想要在网页中实现动画效果总是需要 JavaScript 或者 Flash 插件的帮助，但是 CSS3 动画不再需要使用起来较难的 JavaScript 或者是非常占资源的 Flash 插件了。本章将讲解 CSS3 动画的知识。

■ 学习目标
学会 CSS3 过渡属性及了解浏览器支持情况。
掌握单项和多项过渡属性。
了解浏览器对 CSS3 动画属性的支持情况。
学会实现动画的效果并能够单独完成一个动画效果。

■ 课时安排
理论知识 1 课时。
上机练习 1 课时。

知识导图：

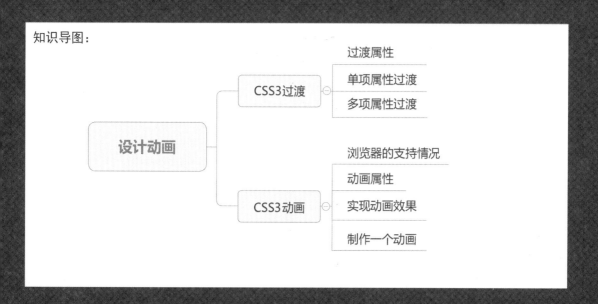

11.1 过渡基础

所谓过渡就是某个元素从一种状态到另一状态的过程就叫作过程。CSS3 的过渡指的也是页面中的元素从开始的状态改变成另外一种状态的过程。

在这之前想在网页中实现过渡效果，多数情况下都是需要借助类似于 Flash 这样的插件来完成。但是 CSS3 中的 transition 属性能提供非常便捷的过渡方式，从而不需要再借助其他的插件就能够完成。

11.1.1 过渡属性

CSS3 过渡有很多的过渡属性，这些属性丰富了过渡的效果和能力以及创作的自由度，如表 11-1 所示。

表 11-1

属性	描述
transition	简写属性，用于在一个属性中设置 4 个过渡属性
transition-property	规定应用过渡的 CSS 属性的名称
transition-duration	定义过渡效果花费的时间。默认是 0
transition-timing-function	规定过渡效果的时间曲线。默认是 ease
transition-delay	规定过渡效果何时开始。默认是 0

表中的 transition-timing-function 属性其实就是规定用户想要的动画方式，它的值可以是以下几种。

- linear：规定以相同速度开始至结束的过渡效果（等于 cubic-bezier(0,0,1,1)）。
- ease：规定慢速开始，然后变快，然后慢速结束的过渡效果 (cubic-bezier(0.25,0.1,0.25,1))。
- ease-in：规定以慢速开始的过渡效果（等于 cubic-bezier(0.42,0,1,1)）。
- ease-out：规定以慢速结束的过渡效果（等于 cubic-bezier(0,0,0.58,1)）。
- ease-in-out：规定以慢速开始和结束的过渡效果（等于 cubic-bezier(0.42,0,0.58,1)）。
- cubic-bezier(n,n,n,n)：在 cubic-bezier 函数中定义自己的值。可能的值是 0 ～ 1 之间的数值。

表中的 transition-delay 属性表示的是过渡的延迟时间，0 代表没有延迟，立刻执行。

11.1.2 浏览器支持情况

对于目前 CSS3 的过渡属性，浏览器支持情况已经很好了，基本上绝大多数浏览器都能够很好地支持 CSS3 过渡。如表 11-2 所示就是目前各大浏览器厂商对 CSS3 过渡的支持情况。

表 11-2 中的数字表示支持该属性的第一个浏览器版本号。

紧跟在 -webkit-、-ms- 或 -moz- 前的数字为支持该前缀属性的第一个浏览器版本号。

表 11-2

属性	Chrome	IE	Firefox	Safari	Opera
transition	26.0 4.0 -webkit-	10.0	16.0 4.0 -moz-	6.1 3.1 -webkit-	12.1 10.5 -o-
transition-delay	26.0 4.0 -webkit-	10.0	16.0 4.0 -moz-	6.1 3.1 -webkit-	12.1 10.5 -o-
transition-duration	26.0 4.0 -webkit-	10.0	16.0 4.0 -moz-	6.1 3.1 -webkit-	12.1 10.5 -o-
transition-property	26.0 4.0 -webkit-	10.0	16.0 4.0 -moz-	6.1 3.1 -webkit-	12.1 10.5 -o-
transition-timing-function	26.0 4.0 -webkit-	10.0	16.0 4.0 -moz-	6.1 3.1 -webkit-	12.1 10.5 -o-

11.2　实现过渡

CSS3 过渡是元素从一种样式逐渐改变为另一种的效果。要实现这一点，必须规定两项内容：一是指定要添加效果的 CSS 属性；二是指定效果的持续时间。

11.2.1　单项属性过渡

首先做一个简单的单项属性过渡的案例，按照之前了解的过渡工作在页面中先建立一个 div，然后为其添加 transition 属性，接着在 transition 属性的值里面写入想要改变的属性和时间即可。

小试身手——让元素有动态的效果

制作动态效果元素的代码如下：

```
<!DOCTYPE html>
<html lang="en">
<head>
<meta charset="UTF-8">
<title>Document</title>
<style>
div{
width: 200px;
height: 200px;
transition:width 2s;
}
.d1{
background: pink;
}
.d2{
background: lightblue;
}
.d3{
background: lightgreen;
}
</style>
```

```
</head>
<body>
<div class="d1"></div>
<div class="d2"></div>
<div class="d3"></div>
</body>
</html>
```

代码运行结果如图 11-1 所示。

这时会发现还是没有实现过渡的效果，原因很简单，之前分析的工作原理只是 CSS3 过渡实现的基础要求罢了。如果真的想要它能够在网页中工作还需要给出过渡开始的条件，这里使用 :hover 伪类即可，代码如下：

```
div:hover{
width: 500px;
}
```

代码运行结果如图 11-2 所示。

图 11-1

图 11-2

这时就可以在网页中实现最基础的单项属性的过渡了。

■ 11.2.2 多项属性过渡

与单项属性过渡类似的是，多项属性过渡其实也是一样的工作原理，只是在写法上略有不同。多项属性过渡的写法就是在写完第一个属性和过渡时间之后，随后无论添加多少个变化的属性都是逗号之后直接再次写入过渡的属性名加上过渡时间。当然还有个一劳永逸的方法就是直接使用关键字 all 表示所有属性都会应用过渡，但这样写有时候会有危险，比如有时你会想要第 1、2、3 种属性应用过渡效果，但是第 4 种属性不要应用过渡效果，因为你之前使用的是关键字 all 的话就无法取消了，所以关键字 all 使用时需要慎重。

小试身手——让颜色跟着一起变化

实现多项过渡的示例代码如下：

```html
<!DOCTYPE html>
<html lang="en">
<head>
<meta charset="UTF-8">
<title>Document</title>
<style>
div{
width: 100px;
height: 100px;
margin:10px;
transition:width 2s,background 2s;
}
div:hover{
width: 500px;
background: blue;
}
.d1{
background: pink;
}
.d2{
background: lightblue;
}
.d3{
background: lightgreen;
}
span{
display:block;
width: 100px;
height: 100px;
background: red;
transition:all 2s;
margin:10px;
}
span:hover{
width: 600px;
background: blue;
}
</style>
</head>
<body>
<div class="d1"></div>
<div class="d2"></div>
<div class="d3"></div>
<span></span><span></span><span></span>
</body>
</html>
```

代码运行结果如图 11-3 和图 11-4 所示。

图 11-3

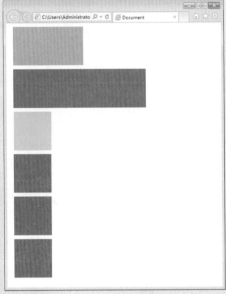

图 11-4

11.2.3 利用过渡设计电脑桌面

使用之前学过的很多有关于 CSS3 的知识来模拟实现苹果桌面下方 DOCK 的缩放特效，这也是对 CSS3 转换和 CSS3 过渡的一个小的总结。本案例中使用了 div+css 布局等 CSS3 之前的知识，希望大家能够从中获得一些新的感受。

小试身手——制作动态的电脑桌面

制作电脑桌面的示例代码如下：

```html
<!DOCTYPE html>
<html lang="en">
<head>
<meta charset="UTF-8">
<title>transition 样式 3</title>
<style type="text/css">
body{
background:url(' 风景 .jpg') no-repeat;
background-size: 100% 1020px;/*100% 768px*/
}
#dock{
width: 100%;          position: fixed;
bottom: 10px;         text-align: center;
}
ul{
padding: 0;
margin: 0;
```

```
list-style-type: none;
}
ul li{
display: inline-block;
width: 50px;
height: 50px;
transition: margin 1s linear;
}
/* 鼠标移上去时的变化 */
ul li:hover{
margin-left: 25px;
margin-right: 25px;
/*z-index: 999;*/
}
ul li img{
width: 100%;
height: 100%;
transition: transform 1s linear;
transform-origin: bottom center;
}
ul li span{
display: none;
height:80px;
vertical-align: top;
text-align: center;
font:14px　宋体 ;
color:#ddd;
}
/* 鼠标移上去时图标的变化，放大 */
ul li:hover img{
transform: scale(2, 2);
}
ul li:hover span{
display: block;
}
</style>
</head>
<body>
<div id="dock">
<ul>
<li><span>ASTY</span><img src="img/as.png"></li>
<li><span>Google</span><img src="img/google.png" alt=""></ll>
<li><span>Inst</span><img src="img/in.png" alt=""></li>
<li><span>Nets</span><img src="img/nota.png" alt=""></li>
<li><span>Zurb</span><img src="img/zurb.png" alt=""></li>
<li><span>FACE</span><img src="img/facebook.png" alt=""></li>
<li><span>OTH</span><img src="img/as.png" alt=""></li>
<li><span>UYTR</span><img src="img/in.png" alt=""></li>
</ul>
</div>
</body>
</html>
```

代码运行结果如图 11-5 所示。

图 11-5

11.3　实现动画

　　CSS3 属性中有关于制作动画的 3 个属性：transform,transition,Animation；一起学习完了 transform 和 transition，对元素实现了一些基本的动画效果，但是这些还是满足不了需求的，前面两个有关于动画的效果都是需要触发条件才能够表现出动画的效果。而本章所要学习的动画却是可以不需要用户触发即可实现动画效果的。

　　Animation，单词的意思就是"动画"。需要注意的是，animation 和之前所学过的 canvas 不同在于，animation 是一个 CSS 属性，只能够作用于页面中已经存在的元素身上，而不是像在 canvas 中一样可以在画布中呈现动画效果。

　　想要使用 animation 动画，需要先了解 @keyframes，@keyframes 的意思是"关键帧"。在 Flash 插件中使用动画其实就有关键帧的概念，CSS3 中的 @keyframes 也类似。

■ 11.3.1　浏览器支持情况

　　作为 CSS3 中的新增属性，需要了解它的浏览器支持情况。目前来看，CSS3 动画的支持情况还算理想，绝大多数浏览器都已完全支持 CSS3 动画了。只有 IE 支持得较晚，是从 IE10 版本开始真正支持 animation 属性的。

　　表 11-3 所示为各大浏览器厂商对 CSS3 动画的支持情况。数字表示支持该属性的第一个浏览器版本号。紧跟在 -webkit-、-ms- 或 -moz- 前的数字为支持该前缀属性的第一个浏览器版本号。

表 11-3

属性	Chrome	IE	Firefox	Safari	Opera
@keyframes	43.04.0 -webkit-	10.0	16.05.0 -moz-	9.04.0 -webkit-	30.015.0 -webkit-12.0 -o-
animation	43.04.0 -webkit-	10.0	16.05.0 -moz-	9.04.0 -webkit-	30.015.0 -webkit-12.0 -o-

11.3.2 动画属性

想要设计好动画就要了解动画的一些属性，下面讲解动画的这些属性。

（1）@keyframes

如果想要创建动画，那么就必须使用 @keyframes 规则。

- 创建动画是从一个 CSS 样式逐步变化为另一个样式。
- 在动画过程中，可以多次更改 CSS 样式的设定。
- 指定的变化发生时使用％，或关键字 "from" 和 "to"，这和 0 到 100％相同。
- 0 是开头动画，100％是动画完成。
- 为了获得最佳的浏览器支持，应该始终定义为 0 和 100％的选择器。

（2）animation

除了 animation-play-state 属性以外，它是所有动画属性的简写属性。

语法如下：

```
animation: name duration timing-function delay iteration-count direction fill-mode play-state;
```

（3）animation-name

animation-name 属性为 @keyframes 动画规定名称。

语法如下：

```
animation-name: keyframename|none;
```

语法解释如下：

Keyframename：规定需要绑定到选择器的 keyframe 的名称。

None：规定无动画效果（可用于覆盖来自级联的动画）。

（4）animation-duration

animation-duration 属性定义动画完成一个周期需要多少秒或毫秒。

语法如下：

```
animation-duration: time;
```

（5）animation-timing-function

animation-timing-function 指定动画将如何完成一个周期。

速度曲线定义动画从一套 CSS 样式变为另一套所用的时间。

速度曲线用于使变化更为平滑。

语法如下：

```
animation-timing-function: value;
```

animation-timing-function 使用的数学函数，称为三次贝塞尔曲线，速度曲线。使用此函数，可以使用自己的值或使用预先定义的值之一。

animation-timing-function 属性的值可以是以下几种。

- linear：动画从头到尾的速度是相同的。
- ease：默认，动画以低速开始，然后加快，在结束前变慢。
- ease-in：动画以低速开始。
- ease-out：动画以低速结束。
- ease-in-out：动画以低速开始和结束。

- cubic-bezier(n,n,n,n)：在 cubic-bezier 函数中自己的值。可能的值是从 0 到 1 的数值。

（6）animation-delay

animation-delay 属性定义动画什么时候开始。值的单位可以是秒（s）或毫秒（ms）。

（7）animation-iteration-count

animation-iteration-count 属性定义动画应该播放多少次，默认值为 1。

animation-iteration-count 属性的值可以有以下两种。

- n：一个数字，定义应该播放多少次动画。
- infinite：指定动画应该播放无限次（永远）。

（8）animation-direction

规定动画是否在下一周期逆向地播放。默认是 normal。

animation-direction 属性定义是否循环交替反向播放动画。

如果动画被设置为只播放一次，该属性将不起作用。

语法如下：

animation-direction: normal|reverse|alternate|alternate-reverse|initial|inherit;

animation-direction 属性的值可以是以下几种。

- normal：默认值。动画按正常播放。
- Reverse：动画反向播放。
- alternate：动画在奇数次（1、3、5…）正向播放，在偶数次（2、4、6…）反向播放。
- alternate-reverse：动画在奇数次（1、3、5…）反向播放，在偶数次（2、4、6…）正向播放。
- initial：设置该属性为它的默认值。
- inherit：从父元素继承该属性。

（9）animation-play-state

规定动画是否正在运行或暂停，默认是 running。

animation-play-state 属性指定动画是否正在运行或已暂停。

语法如下：

animation-play-state: paused|running;

animation-play-state 属性的值可以是以下两种。

- paused：指定暂停动画。
- running：指定正在运行的动画。

■ 11.3.3 实现动画效果

创建 CSS3 动画，需要了解 @keyframes 规则。@keyframes 规则内指定一个 CSS 样式和动画将逐步从目前的样式更改为新的样式。当在 @keyframes 规则内创建动画，要把它绑定到一个选择器，否则动画不会有任何效果。

指定至少这两个 CSS3 的动画属性绑定到一个选择器，即规定动画的名称；规定动画的时长。

小试身手——运动的元素

让元素运动起来的代码如下：

```
<!DOCTYPE html>
<html lang="en">
<head>
<meta charset="UTF-8">
<title>Document</title>
<style>
div{
width: 200px;
height: 200px;
background: blue;
animation:myAni 5s;
}
@keyframes myAni{
0%{margin-left: 0px;background: blue;}
50%{margin-left: 500px;background: red;}
100%{margin-left: 0px;background: blue;}
}
</style>
</head>
<body>
<div></div>
</body>
</html>
```

代码运行结果如图 11-6 所示。

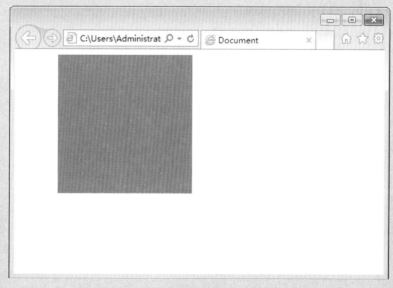

图 11-6

再看一个案例，这次让元素旋转起来。

代码如下：

```
<!DOCTYPE html>
<html lang="en">
<head>
<meta charset="UTF-8">
<title>Document</title>
<style>
.d1{
width: 200px;
height: 200px;
background: blue;
animation:myFirstAni 5s;
transform: rotate(0deg);
margin:20px;
}
@keyframes myFirstAni{
0%{margin-left: 0px;background: blue;transform: rotate(0deg);}
50%{margin-left: 500px;background: red;transform: rotate(720deg);}
100%{margin-left: 0px;background: blue;transform: rotate(0deg);}
}
.d2{
width: 200px;
height: 200px;
background: red;
animation:mySecondtAni 5s;
transform: rotate(0deg);
margin:20px;
}
@keyframes mySecondtAni{
0%{margin-left: 0px;
background: red;
transform: rotateY(0deg);
}
50%{margin-left: 500px;
background: blue;
transform: rotateY(720deg);
}
100%{margin-left: 0px;
background: red;
transform: rotateY(0deg);
}
}
</style>
</head>
<body>
<div class="d1"></div>
<div class="d2"></div>
</body>
</html>
```

代码运行结果如图 11-7 所示。

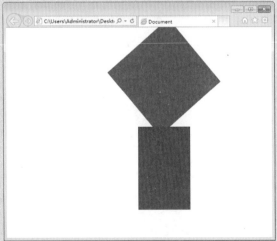

图 11-7

■ 11.3.4 利用动画属性制作太阳系动画

带领大家制作一个模拟太阳系星球运转的动画，通过这个动画可以复习以前的 CSS3 属性，如 border-radius 等属性。

小试身手——制作一个太阳系的星球运转

太阳系星球运动的案例代码如下：

```html
<!DOCTYPE html>
<html>
<head>
<meta charset="UTF-8">
<title>css</title>
<style type="text/css">
*{
margin: 0;
padding: 0;
list-style: none;
}
body{
background: black;
}
/* 太阳轮廓 */
.galaxy{
width: 1300px;
height: 1300px;
position: relative;
margin: 0 auto;
}
/* 里面所有的 div 都绝对定位 */
.galaxy div{
position: absolute;
}
/* 给所有的轨道添加一个样式 */
div[class*=track]{
border: 1px solid #555;
margin-left: -3px;
margin-top: -3px;
}
/* 太阳的位置大概是：1200/2 */
.sun{
background: url("1/img/sun.png") 0 0 no-repeat;
width: 100px;
height: 100px;
left: 600px;
top: 600px;
}
```

```css
.mercury{
background: url("1/img/2.png") 0 0 no-repeat;
width: 50px;
height: 50px;
left: 700px;
top: 625px;
transform-origin: -50px 25px;
animation: rotation 2.4s linear infinite;
}
.mercury-track{
width: 150px;
height: 150px;
left: 575px;
top: 575px;
border-radius: 75px;
}
.venus{
background: url("1/img/3.png") 0 0 no-repeat;
width: 60px;
height: 60px;
left: 750px;
top: 620px;
animation: rotation 6.16s linear infinite;
transform-origin: -100px 30px;
}
.venus-track{
width: 260px;
height: 260px;
left: 520px;
top: 520px;
border-radius: 130px;
}
.earth{
background: url("1/img/4.png") 0 0 no-repeat;
width: 60px;
height: 60px;
top: 620px;
left: 805px;
animation: rotation 10s linear infinite;
```

```css
transform-origin: -155px 30px;
}
.earth-track{
width: 370px;
height: 370px;
border-radius: 185px;
left: 465px;
top: 465px;
}
.mars{
background: url("1/img/5.png") 0 0 no-repeat;
width: 50px;
height: 50px;
top: 625px;
left: 865px;
animation: rotation 19s linear infinite;
transform-origin: -215px 25px;
}
.mars-track{
width: 480px;
height: 480px;
border-radius: 240px;
left: 410px;
top: 410px;
}
.jupiter{
background: url("1/img/6.png") 0 0 no-repeat;
width: 80px;
height: 80px;
top: 610px;
left: 920px;
animation: rotation 118s linear infinite;
transform-origin: -270px 40px;
}
.jupiter-track{
border-radius: 310px;
width: 620px;
height: 620px;
left: 340px;
top: 340px;
}
.saturn{
background: url("1/img/7.png") 0 0 no-repeat;
width: 120px;
height: 80px;
top: 610px;
left: 1000px;
```

```css
animation: rotation 295s linear infinite;
transform-origin: -350px 40px;
}
.saturn-track{
border-radius: 410px;
width: 820px;
height: 820px;
left: 240px;
top: 240px;
}
.uranus{
background: url("1/img/8.png") 0 0 no-repeat;
width: 80px;
height: 80px;
top: 610px;
left: 1120px;
animation: rotation 840s linear infinite;
transform-origin: -470px 40px;
}
.uranus-track{
border-radius: 510px;
width: 1020px;
height: 1020px;
top: 140px;
left: 140px;
}
.pluto{
background: url("1/img/9.png") 0 0 no-repeat;
width: 70px;
height: 70px;
top: 615px;
left: 1210px;
animation: rotation 1648s linear infinite;
transform-origin: -560px 35px;
}
.pluto-track{
border-radius: 595px;
width: 1190px;
height: 1190px;
left: 55px;
top: 55px;
}
@keyframes rotation{
to{
transform: rotate(360deg);
}
}
```

```
</style>
</head>
<body>
<div class="galaxy">
<div class='sun'></div>
<!--  第一颗 -->
<div class='mercury-track'></div>
<div class='mercury'></div>
<div class='venus-track'></div>
<div class='venus'></div>
<div class='earth-track'></div>
<div class='earth'></div>
<div class='mars-track'></div>
<div class='mars'></div>
<div class='jupiter-track'></div>
<div class='jupiter'></div>
<div class='saturn-track'></div>
<div class='saturn'></div>
<div class='uranus-track'></div>
<div class='uranus'></div>
<div class='pluto-track'></div>
<div class='pluto'></div>
</div>
</body>
</html>
```

代码运行结果如图 11-8 所示。

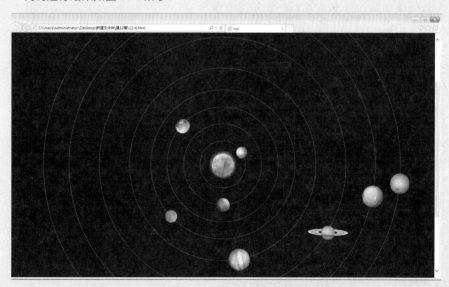

图 11-8

在上面的案例中，把所有的星球轨道和星球都进行了绝对定位或者相对定位操作，而星球轨道却不是图片，是使用 CSS3 的新属性 border-radius 圆角边框得到的。

11.4　课堂练习

学完本章的知识是不是感觉可以给自己的网页设计炫酷的效果了？那还等什么，先来做一个简单的炫酷背景色检测一下自己掌握的情况吧。

做出一个当鼠标光标放在文字背景上的时候颜色发生改变的效果，如图 11-9 所示。

图 11-9

如图 11-9 所示效果的提示代码如下：

```
<!DOCTYPE html>
<html lang="en">
<head>
<meta charset="UTF-8">
<title> 课堂练习 </title>
<style>
div{
background-color: #ffff00;
}
@keyframes mycolor{
0%{
background-color: #ffff00;
}
40%{
background-color: aqua;
}
70%{
background-color: darkblue;
}
100%{
background-color: #ffff00;
}
}
div:hover{
animation: mycolor 5s linear;
}
</style>
</head>
<body>
<div> 很炫酷的七彩背景 </div>
</body>
</html>
```

强化训练

　　此案例模拟光盘旋转出仓的动画效果，如图 11-10 所示。此案例的部分代码已经给出，后面的代码希望大家开动脑筋，利用之前所学知识补齐。

图 11-10

部分提示代码如下：

```
<!DOCTYPE html>
<html>
<head>
<meta charset="UTF-8">
<title></title>
<style type="text/css">
ul.tunes li div.album:hover ul.actions { -webkit-transform: translateX(60px); }
ul.tunes li div.album ul.actions li {
display: block;
position: absolute;
height: 20px;
width: 20px;
left: 10px;
top: 22px;
background: -webkit-gradient(linear, left top, left bottom, from(black), to(#333));
-webkit-border-radius: 10px;
-moz-border-radius: 10px;
-webkit-box-shadow: 0 1px 0 rgba(255, 255, 255, .15);
}
ul.tunes li div.album ul.actions li:hover { background: -webkit-gradient(linear, left top, left bottom,
from(#333), to(black)); }
ul.tunes li div.album ul.actions li.info {
top: 48px;
left: 19px;
}
```

```
ul.tunes li div.album ul.actions li a {
display: block;
width: 20px;
height: 20px;
}
ul.tunes li div.album ul.actions li.play-pause a { background: url(images/play-button.png) no-repeat
center center; }
ul.tunes li div.album ul.actions li.info a { background: url(images/info.png) no-repeat center center; }
ul.tunes li { text-shadow: 0 2px 3px rgba(0, 0, 0, .75); }
ul.tunes h5 {
padding-top: 8px;
color: #fff;
}
ul.tunes small {
color: #fff;
opacity: .75;
}
</style>
</head>
<body>
<ul class="tunes">
<li>
<div class="album"> <a href=""><img src="images/222.JPG" /></a> <span class="vinyl">
<div></div>
</span>
<ul class="actions">
<li class="play-pause"><a href=""></a></li>
<li class="info"><a href=""></a></li>
</ul>
<div>
<h4> 依然范特西 </h4>
<small> 作词：周杰伦 <br /> 作曲：周杰伦 <br /> 演唱：周杰伦 </small></div>
<span class="gloss"></span></div>
</li>
</ul>
</body>
</html>
```

本章结束语

本章主要讲解了 CSS3 中的过渡属性和动画属性，包括了实现简单的单项过渡以及后面的苹果桌面的模拟和制作太阳系动画。CSS3 的过渡功能使得开发者的 Web 开发更加方便，技术瓶颈和壁垒更少。CSS3 中的动画，有了这个颠覆性的新技术，前端开发工作者终于摆脱了以前非常麻烦的 javascript 和 Flash 插件了，直接使用 CSS 即可完成动画操作。你要知道，CSS 并不是编程语言，只是样式语言而已，写 CSS 的时候是不需要逻辑运算的。

CHAPTER 12
用户交互界面

本章概述 SUMMARY

无论是 HTML5 还是 CSS3 都是非常注重用户体验的。随着移动互联网的日新月异，再往后发展一定是移动互联网占据互联网的主流，所以 CSS3 提供了多媒体查询的功能。CSS3 的新特性中专门分出了一块用于处理用户界面的操作。以前的 Web 页面中，可由用户操作的部分其实很少，CSS3 中专门在这一部分下了一番功夫。

■ 学习目标

学会多媒体查询的语法和方法。
掌握多媒体查询能做什么。
掌握用户的界面调整尺寸、方框大小调整和外形修饰。
掌握多列布局的使用方法。

■ 课时安排

理论知识 1 课时。
上机练习 1 课时。

知识导图：

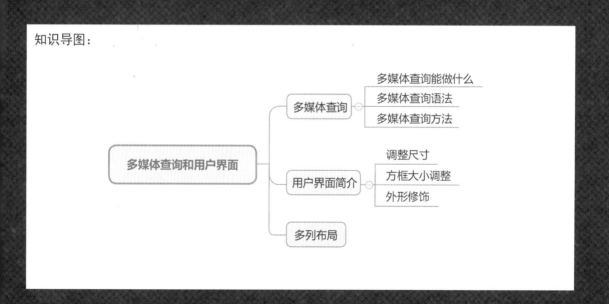

12.1 多媒体查询

@media 规则在 CSS2 中就有介绍,针对不同媒体类型可以定制不同的样式规则。例如:针对不同的媒体类型 (包括显示器、便携设备、电视机等) 设置不同的样式规则。但这些多媒体类型在很多设备上支持还不够友好。

CSS3 多媒体查询根据设置自适应显示。媒体查询可用于检测很多事情,例如:viewport(视窗) 的宽度与高度;设备的高度与宽度;朝向 (智能手机横屏与竖屏);分辨率等。

目前针对很多苹果手机、Android 手机、平板等设备都用得到多媒体查询。@media 可以针对不同的屏幕尺寸设置不同的样式,特别是如果需要设置响应式的页面,@media 是非常有用的。在重置浏览器大小的过程中,页面也会根据浏览器的宽度和高度重新渲染页面。

12.1.1 多媒体查询能做什么

多媒体查询最大作用就是使得 Web 页面能够很好地适配 PC 端与移动端的浏览器窗口。CSS3 多媒体查询根据设置自适应显示,媒体查询可用于检测很多事情,例如:

- viewport(视窗) 的宽度与高度

@media 能够轻松得到用户的浏览器视窗的宽、高。

- 设备的高度与宽度

@media 也可以得到用户的设备的宽高。

- 朝向 (智能手机横屏与竖屏)

@media 为智能手机用户也提供了便利,它会根据用户手机的朝向为用户正确地展示 Web 页面,保证用户浏览的流畅性。

- 分辨率

@media 也可以读取用户的设备的分辨率,以展示适合用户设备显示的 Web 页面。

12.1.2 多媒体查询语法

多媒体查询语法如下:

```
@media mediatype and|not|only (media feature) {
CSS-Code;
}
```

也可以通过不同的媒体使用不同的 CSS 样式表:

```
<link rel="stylesheet" media="mediatype and|not|only (media feature)" href="mystylesheet.css">
```

12.1.3 多媒体查询方法

对浏览器窗口进行了 3 次判断,分别是窗口大于 800px 时,窗口大于 500px 并且小于 800px 时,窗口小于 500px 时,对于这 3 种情况都进行了相应的样式处理,通过一个小的案例来帮助大家理解多媒体查询的用法。

小试身手——自适应的制作方法

一个简单的屏幕自适应的制作方法代码如下：

```html
<!DOCTYPE html>
<html lang="en">
<head>
<meta charset="UTF-8">
<title>Document</title>
<style>
.d1{
background: pink;
}
.d2{
background: lightblue;
}
.d3{
background: yellowgreen;
}
.d4{
background: yellow;
}
@media screen and (min-width: 800px){
.content{
width: 800px;
margin:20px auto;
}
.box{
width: 200px;
height: 200px;
float:left;
}
}
@media screen and (min-width: 500px) and (max-width: 800px){
.content{
width: 100%;
column-count: 1;
}
.box{
width: 50%;
height: 150px;
float:left;
}
}
@media screen and (max-width: 500px){
.content{
width: 100%;
column-count: 1;
}
.box{
```

```
width: 100%;
height: 100px;
}
}
</style>
</head>
<body>
<div class="content">
<div class="box d1"></div>
<div class="box d2"></div>
<div class="box d3"></div>
<div class="box d4"></div>
</div>
</body>
</html>
```

至此代码就完成了，来看一下窗口大于 800px 时的显示效果，如图 12-1 所示。

窗口大于 500px 并且小于 800px 时的显示效果如图 12-2 所示。

图 12-1

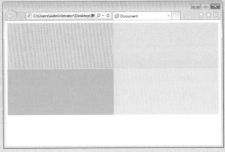

图 12-2

窗口小于 500px 时的显示效果如图 12-3 所示。

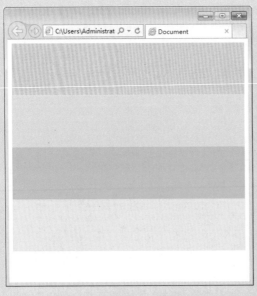

图 12-3

12.1.4 制作一个自适应的导航栏

下面带领大家实现一个在 CSS3 的网页中常见的自适应导航栏的案例，通过制作自适应导航栏可以深度掌握 CSS3 中的 @media 规则。希望大家能够从这次的案例中得到新的启发。

小试身手——流行的网页导航栏的制作

自适应导航栏的制作代码如下：

```
<!DOCTYPE html>
<html lang="en">
<head>
<meta charset="UTF-8">
<title> 滑动菜单 </title>
<link rel="stylesheet" media="screen and (min-width:800px)" href="CSS/style1.css">
<link rel="stylesheet" media="screen and (min-width:500px) and (max-width:800px)" href="CSS/
style2.css">
<link rel="stylesheet" media="screen and (max-width:500px)" href="CSS/style3.css">
</head>
<body>
<nav>
<div class=" 企业首页 ">
<i></i>
<span></span>
Home
</div>
<div class=" 企业首页 ">
<i></i>
<span></span>
services
</div>
<div class=" 企业首页 ">
<i></i>
<span></span>
portfolio
</div>
<div class=" 企业首页 ">
<i></i>
<span></span>
blog
</div>
<div class=" 企业首页 ">
<i></i>
<span></span>
The team
</div>
<div class=" 企业首页 ">
<i></i>
<span></span>
contact
</div>
</nav>
</body>
</html>
```

这次并没有把 CSS 样式直接地写在 <style> 标签内，而是通过 3 个 <link> 标签引入了 3 个外部样式表，这 3 个外部样式表分别对应了浏览器里窗口的三种状态，它们分别是当浏览器窗口大于 800px 时引用，当浏览器窗口大于 500px 小于 800px 时引用，当浏览器窗口小于 500px 时引用。这 3 种外部样式表的内容分别如下。

浏览器窗口大于 800px 时引用的样式表：

```
*{margin:0;padding:0;}                          height: 130px;
nav{                                            background-color: rgba(255,255,255,0);
width:80%;                                      margin:0px auto;
max-width: 1200px;                              border-radius: 65px;
height:200px;                                   transition:all 1s;
margin:20px auto;                               }
}                                               div:hover{
div{                                            height:220px;
width: 16.6%;                                    }
max-width: 200px;                               div:hover i{
height:200px;                                   transform:scale(0.5);
background-color: #ccc;                         background-color: rgba(255,255,255,0.5)
float:left;                                      }
font-size: 20px;                                .home{
color:#fff;                                     background-color: #ee4499;
text-align: center;                             }
text-transform: capitalize;                     .services{
line-height: 320px;                             background-color: #ffaa99;
transition:all 1s;                              }
}                                               .portfolio{
span{                                           background-color: #44ff88;
display:block;                                   }
width: 70px;                                     .blog{
height: 70px;                                   background-color: #77ddbb;
background-color: #eee;                          }
margin:-100px auto;                             .team{
border-radius: 35px;                            background-color: #55ccff;
}                                                }
i{                                              .contact{
display:block;                                  background-color: #99ccff;
width: 130px;                                    }
```

代码运行结果如图 12-4 所示。

图 12-4

浏览器窗口大于 500px 小于 800px 时引用样式表：

```
*{margin:0;padding:0;}
body{}
nav{
width:90%;
min-width: 400px;
height:300px;
margin:0px auto;
/*min-width: 1000px;*/
}
div{
width:50%;
/* max-width: 300px;
min-width: 100px; */
height: 100px;
padding:15px;
background: red;
float:left;
text-align:center;
box-sizing: border-box;
}
span{
display:block;
width: 70px;
height: 70px;
background-color: #eee;
border-radius: 35px;
float:left;
/* position:absolute; */
}
.home{
background-color: #ee4499;
}
.services{
background-color: #ffaa99;
}
.portfolio{
background-color: #44ff88;
}
.blog{
background-color: #77ddbb;
}
.team{
background-color: #55ccff;
}
.contact{
background-color: #99ccff;
}
```

代码运行结果如图 12-5 所示。

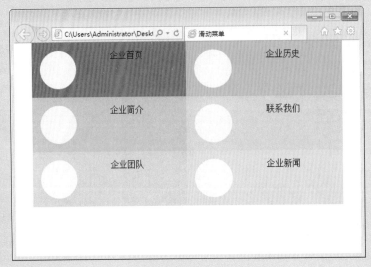

图 12-5

浏览器窗口小于 500px 时引用样式表：

```
*{margin:0;padding:0;}
body{}
nav{
width:90%;
min-width: 400px;
height:300px;
margin:0px auto;
display:flex;
flex-wrap: wrap;
}
div{
width:100%;
height: 100px;
padding:15px;
background: red;
/*float:left;*/
text-align:center;
box-sizing: border-box;
}
span{
display:block;
width: 70px;
height: 70px;
background-color: #eee;
border-radius: 35px;
float:left;
/* position:absolute; */
}
```

```
.home{
background-color: #ee4499;
}
.services{
background-color: #ffaa99;
}
.portfolio{
background-color: #44ff88;
}
.blog{
background-color: #77ddbb;
}
.team{
background-color: #55ccff;
}
.contact{
background-color: #99ccff;
}
```

代码运行结果如图 12-6 所示。

图 12-6

12.2   用户界面简介

想要学习 CSS3 用户界面先要了解什么是用户界面。传统上的用户界面 (User Interface，UI) 是指对软件的人机交互、操作逻辑、界面美观的整体设计。好的 UI 设计不仅是让软件变得有个性有品位，还要让软件的操作变得舒适、简单、自由，充分体现软件的定位和特点。

用户界面是系统和用户之间进行交互和信息交换的媒介，它实现信息的内部形式与人类可接受形式之间的转换。

所以用户界面更多的是照顾用户的使用感受而存在的。其实学习的 CSS3 用户界面也是肩负着这样的使命而诞生的。

在本节中，将学到以下用户界面属性。

- resize。
- box-sizing。
- outline-offset。

12.2.1   调整尺寸 resize

在原生的 HTML 元素当中很少有元素能够让用户自主地去调节元素的尺寸（除了 textarea 元素）。这样其实是对用户进行了很大的限制。用户不是专业开发人员，如果让他们随意地变动页面的尺寸，很容易发生布局错乱等问题。但是有时如果需要用户自己去调节某些元素尺寸，该如何做呢？答案就是通过 JavaScript 以达到目的，这样做的坏处是对开发人员不够友好（代码很长，代码交互逻辑也很复杂），同时用户那一端其实也不够灵活，这样就出现了两边都不友好的情况。但是 CSS3 提供了 resize 属性，就可以解决这个尴尬的问题。

在 CSS3 中，resize 属性规定是否可由用户调整元素尺寸。

语法如下：

```
resize: none|both|horizontal|vertical;
```

resize 属性的值可以是以下几种。

- none：用户无法调整元素的尺寸。
- both：用户可调整元素的高度和宽度。
- horizontal：用户可调整元素的宽度。
- vertical：用户可调整元素的高度。

小试身手——用户自己调整界面尺寸

调整界面尺寸的代码如下：

```
<!DOCTYPE html>
<html lang="en">
<head>
<meta charset="UTF-8">
<title>Document</title>
<style>
div{
width: 300px;
height: 200px;
border:1px solid red;
text-align: center;
font-size: 20px;
line-height: 200px;
margin:10px;
}
.d2{
resize: both;
overflow:auto;
}
</style>
</head>
<body>
<div class="d1"> 这是传统的 div 元素 </div>
<div class="d2"> 这是可以让用户自由调尺寸的 div</div>
</body>
</html>
```

代码运行结果如图 12-7 所示。

图 12-7

12.2.2　方框大小调整 box-sizing

box-sizing 属性是 CSS3 的 BOX 属性之一，所以它也是遵循了盒子模型的原理的。

box-sizing 属性允许以特定的方式定义匹配某个区域的特定元素。

假如需要并排放置两个带边框的框，可通过将 box-sizing 设置为 border-box。这可令浏览器呈现出带有指定宽度和高度的框，并把边框和内边距放入框中。

语法如下：

```
box-sizing: content-box|border-box|inherit;
```

box-sizing 的属性可以是以下几种。

（1）**content-box**

content-box 属性解释如下。

- 这是由 CSS2.1 规定的宽度高度行为。
- 宽度和高度分别应用到元素的内容框。
- 在宽度和高度之外绘制元素的内边距和边框。

（2）**border-box**

border-box 属性解释如下。

- 为元素设定的宽度和高度决定了元素的边框盒。
- 为元素指定的任何内边距和边框都将在已设定的宽度和高度内进行绘制。
- 通过从已设定的宽度和高度分别减去边框和内边距才能得到内容的宽度和高度。

（3）**inherit**

inherit 属性解释如下。

- 规定应从父元素继承 box-sizing 属性的值。

主要学习第二个值 border-box 值的用法。当在页面中需要手动画出一个按钮 div

（200*50），在按钮中间有一个圆形的 div（30×30），现在需要让这个圆形的 div 居中于方形的按钮。传统的做法只能去设置圆形 div 的 margin 以达到让其居中的目的。这还要考虑到它的父级是否也有 margin 值，因为会产生外边距合并的问题，这样做起来要考虑的地方太多，不方便。

或者换一种思路，不对圆形 div 进行操作，而是让方形按钮拥有内边距是不是也可以解决这个问题呢？

小试身手——调整方框的大小

调整方框大小的代码如下：

```
<!DOCTYPE html>
<html lang="en">
<head>
<meta charset="UTF-8">
<title>Document</title>
<style>
.btn{
width: 200px;
height: 50px;
border-radius: 10px;
background: #f46;
margin:10px;
position:relative;
}
.d2{
padding:10px 85px;
width: 30px;
height: 30px;
}
.circle{
width: 30px;
height: 30px;
border-radius: 15px;
background: #fff;
}
.c1{
top:10px;
left:85px;
position:absolute;
}
</style>
</head>
<body>
<div class="btn d1">
<div class="circle c1"></div>
</div>
<div class="btn d2">
<div class="circle c2"></div>
</div>
</body>
</html>
```

代码运行结果如图 12-8 所示。

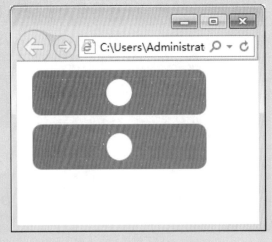

图 12-8

　　从以上代码运行结果可以看出目的已经达到，好像没什么问题了。要知道，以上两种做法其实都是经过了二次计算的，尤其是第二种甚至改变了外部 div 的宽高属性值才得到一个想要的按钮，显然这两种做法都不够友好。但是如果使用 CSS3 用户界面新特性来做这个案例，将会非常简单，不需要做二次计算，也不需要改变父级 div 的宽高属性就可以达到想要的效果了。

　　示例代码如下：

```html
<!DOCTYPE html>
<html lang="en">
<head>
<meta charset="UTF-8">
<title>Document</title>
<style>
.btn{
width: 200px;
height: 50px;
border-radius: 10px;
background: #f46;
margin:10px;
position:relative;
}
.d2{
padding:10px 85px;
width: 30px;
height: 30px;
}
.circle{
width: 30px;
height: 30px;
border-radius: 15px;
background: #fff;
}
.c1{
top:10px;
left:85px;
position:absolute;
}
.d3{
box-sizing: border-box;
padding:10px 85px;
}
</style>
</head>
<body>
<div class="btn d1">
<div class="circle c1"></div>
</div>
<div class="btn d2">
<div class="circle"></div>
</div>
<div class="btn d3">
<div class="circle"></div>
</div>
</body>
</html>
```

代码运行结果如图 12-9 所示。

图 12-9

使用了 box-sizing 属性之后所得到的结果就是为外部的 div 设置了 padding 属性，但是这样做并没有改变外部 div 的宽高属性，并且也成功地让内部的圆形 div 居中了。

12.2.3　外形修饰 outline-offset

outline-offset 属性对轮廓进行偏移，并在边框边缘进行绘制。

轮廓在两方面与边框不同：轮廓不占用空间；轮廓可能是非矩形。

小试身手——修饰外形的方法

外形的修饰方法示例代码如下：

```html
<!DOCTYPE html>
<html lang="en">
<head>
<meta charset="UTF-8">
<title>Document</title>
<style>
div{
width: 200px;
height: 100px;
outline:2px solid black;
margin:60px;
}
.d1{
background: pink;
}
.d2{
background: greenyellow;
outline-offset: 10px;
}
</style>
</head>
<body>
<div class="d1"> 我的外轮廓没有被偏移 </div>
<div class="d2"> 我的外轮廓是被偏移的 </div>
</body>
</html>
```

代码运行结果如图 12-10 所示。

图 12-10

▋ 12.2.4　界面的多列布局

CSS3 提供了个新属性 columns 用于多列布局。竖版报纸布局，这在以前是很难实现的，比较稳妥的方法也是通过 JavaScript 来实现，并且操作非常烦琐。但是拥有了 CSS3 的 columns 属性之后一切将会变得非常容易，这就是 CSS3 带来的多列布局。

多列布局在 Web 页面中使用得其实很频繁，常见如瀑布流的照片背景墙、移动端的响应式布局都能用到。

CSS3 提供了多列布局，在多列布局当中拥有众多属性。本节就来学习 CSS3 多列布局的相关属性。

（1）column-count

column-count 属性规定元素应该被划分的列数。

小试身手——多列布局的用法

多列布局的使用方法代码如下：

```
<!DOCTYPE html>
<html lang="en">
<head>
<meta charset="UTF-8">
<title>Document</title>
<style>
div{
width: 800px;
border:1px solid red;
column-count: 3;
}
</style>
</head>
<body>
<div>
先帝创业未半而中道崩殂，今天下三分，益州疲弊，此诚危急存亡之秋也。然侍卫之臣不懈于内，忠志之士忘身于外者，盖追先帝之殊遇，欲报之于陛下也。诚宜开张圣听，以光先帝遗德，恢弘志士之气，不宜妄自菲薄，引喻失义，以塞忠谏之路也。
宫中府中，俱为一体，陟罚臧否，不宜异同。若有作奸犯科及为忠善者，宜付有司论其刑赏，以昭陛下平明之理，不宜偏私，使内外异法也。侍中、侍郎郭攸之、费祎、董允等，此皆良实，志虑忠纯，是以先帝简拔以遗陛下。愚以为宫中之事，事无大小，悉以咨之，然后施行，必得裨补阙漏，有所广益。
将军向宠，性行淑均，晓畅军事，试用之于昔日，先帝称之曰能，是以众议举宠为督。愚以为营中之事，悉以咨之，必能使行阵和睦，优劣得所。
亲贤臣，远小人，此先汉所以兴隆也；亲小人，远贤臣，此后汉所以倾颓也。先帝在时，每与臣论此事，未尝不叹息痛恨于桓、灵也。侍中、尚书、长史、参军，此悉贞良死节之臣，愿陛下亲之信之，则汉室之隆，可计日而待也。臣本布衣，躬耕于南阳，苟全性命于乱世，不求闻达于诸侯。先帝不以臣卑鄙，猥自枉屈，三顾臣于草庐之中，咨臣以当世之事，由是感激，遂许先帝以驱驰。后值倾覆，受任于败军之际，奉命于危难之间，尔来二十有一年矣。
</div>
</body>
</html>
```

代码运行结果如图 12-11 所示。

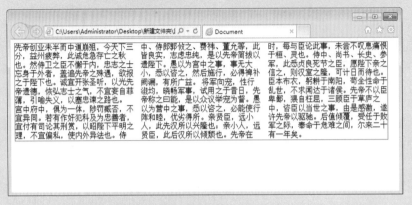

图 12-11

（2）column-gap

column-gap 属性规定列之间的间隔。

注释：如果列之间设置了 column-rule，它会在间隔中间显示。

为之前的示例添加下面的代码：

```
column-gap: 40px;
```

代码运行结果如图 12-12 所示。

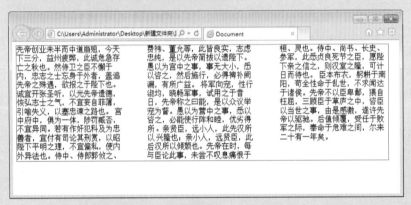

图 12-12

（3）column-rule-style

column-rule-style 属性规定列之间的样式规则，类似于 border-style 属性。

column-rule-style 属性的值可以是以下几种。

- none：定义没有规则。
- Hidden：定义隐藏规则。
- Dotted：定义点状规则。
- Dashed：定义虚线规则。
- solid：定义实线规则。
- Double：定义双线规则。
- Groove：定义 3D grooved 规则。

- Ridge：定义 3D ridged 规则。
- inset：定义 3D inset 规则。
- Outset：定义 3D outset 规则。

（4）**column-rule-width**

column-rule-width 属性规定列之间的宽度规则，类似于 border-width 属性。

column-rule-width 属性的值可以是以下几种。

- thin：定义纤细规则。
- Medium：定义中等规则。
- thick：定义宽厚规则。
- Length：规定规则的宽度。

（5）**column-rule-color**

column-rule-color 属性规定列之间的颜色规则，类似于 border-color 属性。

通过这 3 个属性在上述代码中添加列与列的分割线，代码如下：

```
column-rule-color: red;
column-rule-width: 5px;
column-rule-style: dotted;
```

代码运行结果如图 12-13 所示。

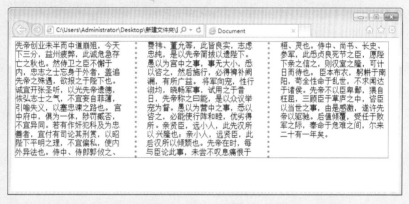

图 12-13

（6）**column-rule**

column-rule 属性是一个简写属性，用于设置所有 column-rule-* 属性。

column-rule 属性设置列之间的宽度、样式和颜色规则。

类似于 border 属性。

（7）**column-span**

column-span 属性规定元素应横跨多少列。

column-span 的值可以是以下两种。

- 1：元素应横跨一列。
- all：元素应横跨所有列。

（8）**column-width**

column-width 属性规定列的宽度。

column-width 属性的值可以是以下两种。

- auto：由浏览器决定列宽。
- Length：规定列的宽度。

（9）columns

columns 属性是一个简写属性，用于设置列宽和列数。

语法如下：

```
columns: column-width column-count;
```

12.3　课堂练习

根据上面所学的多列布局和自适应知识制作出下面两张图，设计出相同的效果。

如图 12-14 所示，浏览器没有拉伸的效果图。

图 12-14

如图 12-15 所示的是浏览器拉伸之后的效果图。

图 12-15

代码如下：

```html
<!doctype html>
<html>
<head>
<meta charset="utf-8">
<title> 无标题文档 </title>
<style>
.left, .right {
    float: left;
    width: 220px;
    height: 200px;
    background:#0C3;
    margin-left:-220px;
}
.left{
    margin-left: -100%;
}
.main {
    float: left;
    width: 100%;
}
.inner{
    margin:0 230px;
    height: 200px;
    background-color:#F30;
}
</style>
</head>

<body>
<div class="main" >
    <div class="inner">
        中间部分
    </div>
</div>
<div class="left" > 左边 </div>
<div class="right"> 右边 </div>
</body>
</html>
```

强化训练

学完本章知识之后，大家可以看出本章的知识很重要。因为如今的网页设计都是需要设计出的网页拥有自适应性，所以本章的强化练习来做简单的自适应页面。

效果如图 12-16 所示。

图 12-16

操作提示代码如下：

```
#left-sidebar{
    width: 200px;
    padding: 20px;
    background-color: orange;
}
#contents{
    -moz-box-flex:1;
     -webkit-box-flex:1;
    padding: 20px;
    background-color: yellow;
}
#right-sidebar{
    width: 200px;
    padding: 20px;
    background-color: limegreen;
}
```

本章结束语

通过本章的学习相信大家对媒体的查询和用户界面的设计有了一定的了解。本章讲解了多媒体查询能做什么，多媒体查询的语法，以及用户界面设计，最后又通过示例来具体讲解这些知识的应用。希望大家能多加练习，掌握这些知识。

参 考 文 献

1. 新视角文化行 . Flash CS6 动画制作实战从入门到精通 [M]. 北京：人民邮电出版社，2013.

2. 马丹 . Dreamweaver CC 网页设计与制作标准教程 [M]. 北京：人民邮电出版社，2016.

3. 姜洪侠、张楠楠 . Photoshop CC 图形图像处理标准教程 [M]. 北京：人民邮电出版社，2016.

4. 汤京花、宋园 . Dreamweaver CS6 网页设计与制作标准教程 [M]. 北京：人民邮电出版社，2016.